二氧化碳地质利用与封存的风险管理

张力为 李 琦 等 编著

科 学 出 版 社

北 京

内 容 简 介

本书专注于二氧化碳地质利用与封存这一对缓解全球气候变暖具有重要意义的技术，详细介绍二氧化碳地质利用与封存技术，深入探讨二氧化碳地质利用与封存技术的社会经济效益和潜在风险，讨论全球气候变暖现状、二氧化碳地质封存的机理、二氧化碳地质利用与封存的减排潜力、二氧化碳地质利用与封存的风险、二氧化碳地质利用与封存的岩石样品分析先进技术等内容。

本书内容丰富，通俗易懂，适合地质、能源、二氧化碳减排等领域的科技工作者阅读参考。

图书在版编目（CIP）数据

二氧化碳地质利用与封存的风险管理/张力为等编著.—北京:科学出版社，2020.8

ISBN 978-7-03-065131-0

Ⅰ.① 二… Ⅱ.① 张… Ⅲ.①二氧化碳-资源利用-研究 ②二氧化碳-地下储存-研究 Ⅳ.①O613.71

中国版本图书馆 CIP 数据核字（2020）第 083589 号

责任编辑：孙寓明 / 责任校对：高 嵘
责任印制：彭 超 / 封面设计：苏 波

科 学 出 版 社 出版

北京东黄城根北街 16 号
邮政编码：100717
http://www.sciencep.com

武汉精一佳印刷有限公司印刷
科学出版社发行 各地新华书店经销
*
开本：B5（720×1000）
2020 年 8 月第 一 版 印张：10 1/2
2020 年 8 月第一次印刷 字数：210 000
定价：**98.00 元**
（如有印装质量问题，我社负责调换）

编　委　会

前　　言

二氧化碳（CO_2）地质利用与封存（CGUS）技术是指通过工程技术手段将捕集的 CO_2 注入地下，利用地质条件生产或强化能源、资源开采，同时实现注入的 CO_2 与大气长期隔绝的过程。通过 CGUS 技术，有望实现化石能源使用的 CO_2 近零排放，因此受到国际社会的高度重视。作为全球温室气体排放量最大的国家，2014 年我国 CO_2 排放量已经达到 90 亿 t，占全球 CO_2 总排放量的 27%，其中约 80% 来自燃煤电厂、煤化工厂等使用化石能源的集中排放源，而 CGUS 技术主要针对的就是使用化石能源的集中排放源排放的 CO_2。我国已于 2016 年 9 月 3 日加入《巴黎协定》，承诺 2030 年前碳排放达峰，届时碳排放强度将在 2005 年的水平上降低 60%～65%。因此，我国在 21 世纪很有可能成为 CGUS 应用的热点地区，CGUS 可望为我国产生明显的环境效益和经济效益。

确保 CGUS 项目的安全，最大限度地减少 CGUS 项目的风险，是在我国推广 CGUS 技术的关键。尽管 CGUS 项目可能存在各类风险，但风险是完全可控的。通过贯穿整个 CGUS 项目生命周期的管控措施，能够有效降低风险事件发生的后果与可能性，保障项目的安全运行。因 CGUS 技术在我国属于新兴和前沿技术，很多人对 CGUS 项目可能存在的风险认识不清，对相关风险如何防控了解不到位，从而对 CGUS 项目产生消极印象，对我国推广 CGUS 技术产生了负面影响。

为使相关领域的科研工作者对 CGUS 技术可能存在的风险及防控措施有一个清晰、完整、全面的认识，我们组织了 11 位从事 CGUS 研究的科学工作者，共同编写《二氧化碳地质利用与封存的风险管理》一书。本书专注于 CGUS 这一对缓解全球气候变暖具有重要意义的技术，共分七章，分别介绍 CGUS 技术的概念、分类及发展历程（李小春、张力为、张茜、王燕编写）；CGUS 可能涉及的工程地质风险（李琦、李霞颖编写）；CGUS 可能涉及的泄漏风险（张力为、刘桂臻、张强编写）；CO_2 对岩石和地下井的化学腐蚀风险（张力为、程小伟编写）；CGUS 的风险监测与防控（李琦编写）；国内外代表性 CGUS 项目（魏宁编写）；应用于 CGUS 研究的样品分析先进技术（缪秀秀编写）。为最大限度地增强本书的科学性、严谨性并反映国际、国内的最新进展，作者写作时力求内容丰富，文献引用全面，行文通俗易懂。

本书的写作与出版得到了科学技术部国家重点研发计划（S2016G9005、SQ2019YFE010006、2019YFE0100100）、国家自然科学基金项目（41807275、

41902258、U1967208)、中国博士后科学基金项目（2018M632948）和中国科学院-工业技术研究院"两岸合作计划"项目（CAS-ITRI201911）的资助。中国石油大学（北京）彭勃教授、中国科学院地质与地球物理研究所庞忠和研究员、中国地质大学（武汉）蔡建超教授在本书写作过程中提供了指导和建议，在此致以诚挚的感谢。

　　书中难免有所疏漏，恳请读者不吝指正！

作　者

2020 年 3 月

目　　录

第1章

二氧化碳地质利用与封存概述

二氧化碳（CO_2）地质利用与封存（carbon dioxide geological utilization and storage，CGUS）技术是指通过工程技术手段将捕集的 CO_2 注入地下，利用地质条件生产或强化能源、资源开采，同时实现注入 CO_2 与大气长期隔绝的过程。CGUS 技术不仅能够达到大规模碳减排的目的，而且可以强化石油开采、驱替煤层气、增强页岩气开采、强化深部咸水开采、增强地热系统、强化地浸采铀、强化天然气开采等，获得额外的经济收益。CGUS 技术早在 50 多年前就在美国得到了应用，主要是利用 CO_2 提高原油的采收率。因此，CGUS 技术并不是一个全新的概念，而是经过实际工程验证的、具有可操作性和安全性的技术。CGUS 技术能够实现化石能源利用产生的 CO_2 近零排放，对于全球温室气体减排具有非常重要的意义。联合国政府间气候变化专门委员会（Intergovernmental Panel on Climate Change，IPCC）在 2014 年度第五次评估报告中指出，若忽略 CGUS 技术减少的 CO_2 排放量，则 2100 年将大气中 CO_2 当量浓度控制在 450 mg/kg 的目标可能无法实现（IPCC，2014）。因此，CGUS 技术在减少温室气体排放方面将发挥至关重要的作用，是全人类应对全球气候变暖、减少 CO_2 排放举措中不可缺失的重要环节。

1.1 全球气候变暖及温室气体减排

大量科学证据表明，地球正在经历前所未有的气候变暖过程。1880～2012 年，全球地表平均温度升高了 0.85 ℃，1983～2012 年 30 年间的北半球地表平均温度达到了 80 万年来的最高值（IPCC，2014）。20 世纪以来，全球地表温度呈升高趋势，1977 年后温度升高趋势尤为明显，如图 1.1 所示（图中温度值为该年平均温

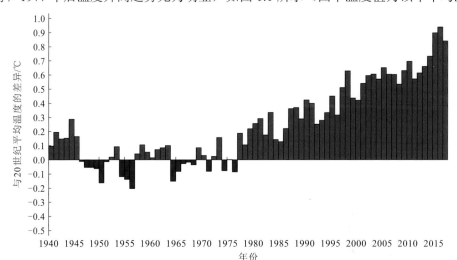

图 1.1 1940～2017 年地表（包括海洋及陆地）平均温度变化趋势图（NOAA，2018）

度与整个 20 世纪平均温度的差异）。图 1.1 表明，20 世纪中后期各年平均温度要明显高于整个 20 世纪的平均温度，2016 年的平均温度较 20 世纪的平均温度高出 0.9 ℃（NOAA，2018）。IPCC 2005 年的研究报告指出，若不采取措施，预测到 2100 年，全球的平均地表温度将比 1990 年上升 1.4～5.8 ℃。这将是 20 世纪内增温值的 2～10 倍，也是近一万年来最显著的增温（郭会荣 等，2014；IPCC，2005）。

全球气候变暖已对自然生态系统和人类生活造成了显著影响，主要表现在 7 个方面：①加剧雪原和冰川的融化并影响降水量，对部分地区的水循环造成影响；②对陆地和水生物种的生活地域、迁移习性、生命周期等造成影响；③导致南北极冰川融化，造成海平面上升，对生活在海岛及陆地沿海地区的城镇造成威胁；④导致海水温度升高及 pH 降低，对海洋生态系统和珊瑚礁构成威胁；⑤与部分地区的庄稼减产存在直接关联；⑥可能导致全球范围内干旱、风暴等极端天气的出现频率增加；⑦导致高纬度地区冻土层软化，房屋地基失稳，对房屋安全构成威胁（IPCC，2014）。气候变暖对自然生态系统和人类生活的影响如图 1.2 所示。

图 1.2　气候变暖对自然生态系统和人类生活的影响（Dechert，2015）

据 2014 年世界气象组织报告，21 世纪以来，由全球气候变暖导致的冰川融化，使得全球海平面每年上升 0.3 cm，是 20 世纪全球海平面上升速率的 1.9 倍。如果按照目前的趋势继续发展，全球一半人口生活的沿海区域将有被淹没的危险（赵兴雷 等，2018）。由于全球气候变暖，极端天气事件如极端热浪、干旱、飓风等近年来频频出现。研究表明，极端热浪的发生频率已经由每 1 000 天 1 次变为每 200 天 1 次（赵兴雷 等，2018）。Thomas 等（2004）在《自然》上刊文指出，到 2050 年全球变暖可能导致地球上 15%～37%的物种灭绝。生物多样性的大幅下降，将使人类的生存环境受到很大威胁。

人类活动导致的温室气体排放是造成全球气候变暖的主要原因之一。2012 年，地球大气层中 CO_2 的浓度已达到 390 mg/L，包括 CO_2 在内的大气中各类温室气体总量已达到 80 万年以来的最大值（IPCC，2014）。所谓温室气体，是指大气层中可吸收地球表面所发出的长波热辐射的气体。太阳向地球的辐射主要是短波辐射，不会被温室气体所吸收。地球在吸收太阳短波辐射后，会向外层空间辐射热量，其热辐射以 3～30 μm 的长波红外线为主。当这样的长波辐射进入大气层时，易被某些极性较强的气体分子所吸收，从而阻挡了热量自地球向外逃逸。因这些气体阻止了热量从地球向外太空散失，起到的作用类似于温室的保温效应，故将这些气体称为温室气体。主要的温室气体有 CO_2、甲烷（CH_4）、一氧化二氮（N_2O）、三氟甲烷（HFC-23）、四氟乙烷（HFC-134a）、四氟化碳（CF_4）、六氟化硫（SF_6）、三氟化氮（NF_3）等（IPCC，2014）。

温室气体对维持全球热平衡起关键作用。在大气中的水蒸气和 CO_2 等温室气体的作用下，形成了对地球生物最适宜的环境温度，从而使得生命能够在地球上生存和繁衍。假如没有大气层和大气层中的水蒸气和 CO_2 等温室气体，地球的表面温度将比现在低 33 ℃，人类和大多数动植物将面临生存危机。但因人类活动导致的温室气体排放量过大，地球表面热辐射的过量截留，导致了热平衡被破坏，从而引发了全球气候变暖（Vyacheslav，2018）。温室气体导致全球气候变暖的过程如图 1.3 所示。

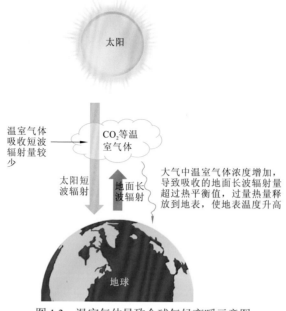

图 1.3　温室气体导致全球气候变暖示意图

温室气体对全球气候变暖的贡献程度可用全球变暖潜能值（global warming potential，GWP）来衡量。GWP 表示某一种温室气体能够捕获得到的空气中的热量，是一个相对值，代表一定质量的温室气体所捕获得到的热量相对于同样质量的 CO_2 所捕获的热量之比，即将特定气体和相同质量的 CO_2 比较造成全球暖化的相对能力，是衡量温室气体对全球暖化影响程度的指标。GWP 是在一定时间间隔内计算得到的，是与 CO_2 的 GWP 相比较而得到的结果（注：CO_2 的 GWP 是 1）。例如，20 年间隔下 CH_4 的 GWP 是 84，这意味着相同质量的 CH_4 和 CO_2 被释放到大气后，在接下来的 20 年中，CH_4 捕获得到的热量是 CO_2 所捕获得到的热量的 84 倍。主要温室气体的 GWP 见表 1.1。

表 1.1　主要温室气体半衰期及其对应的 GWP（Vyacheslav，2018）

主要温室气体	半衰期/年	GWP	
		20 年	100 年
CO_2	无	1	1
CH_4	12.4	84	28
N_2O	121	264	265
HFC-23	222	10 800	12 400
HFC-134a	13.4	3 710	1 300
CF_4	50 000	4 880	6 630
SF_6	3 200	17 500	23 500
NF_3	500	12 800	16 100

尽管在同等质量下，CO_2 在表 1.1 所列温室气体中造成温室效应的能力最弱，但因 CO_2 排放量巨大，CO_2 对全球气候变暖的总贡献在表 1.1 所列温室气体中所占比例最大。CO_2 主要来自化石能源的燃烧和碳酸盐矿物的分解，火力发电、交通运输、煤化工、水泥生产等行业是 CO_2 的主要来源（EPA，2016）。1970～2011 年，全球 CO_2 排放量增加了 90%，其中 78%的增加量由化石能源的燃烧和水泥生产等工业过程贡献（EPA，2016）。据 2014 年统计，当年全球 CO_2 总排放量已超过 330 亿 t，是 1950 年全球 CO_2 总排放量的 6.2 倍（EPA，2018）。

人为大规模排放 CO_2 导致了大气中 CO_2 浓度升高。自工业革命以来，人们已观测到大气中 CO_2 浓度逐年升高。20 世纪后，CO_2 浓度升高的速度显著增加。1800～1900 年，大气中 CO_2 平均浓度从 280 mg/L 增长到 290 mg/L；而 1900～2000 年，大气中 CO_2 平均浓度从 290 mg/L 增长到 370 mg/L（Keeling et al.，2009；Halmann et al.，1999）。自 1990 年以来，经济合作与发展组织（Organization for Economic Cooperation and Development，OECD）成员国的 CO_2 排放量增加速率得到了明显的抑制。1990 年，OECD 成员国的 CO_2 总排放量为 116 亿 t。到 2007 年，OECD 成员国的 CO_2 总排放量达到 137 亿 t，与 1990 年排放量相比增加了 18%（EIA，2011）。非 OECD 国家的 CO_2 总排放量较 OECD 成员国增加更快，主要因为非 OECD 国家经济总量的快速增长。1990 年，非 OECD 国家的 CO_2 总排放量为 100 亿 t，到 2007 年，非 OECD 国家的 CO_2 总排放量达到 160 亿 t，与 1990 年排放量相比增加了 60%。美国是 OECD 成员国中 CO_2 总排放量最大的国家，1990 年 CO_2 总排放量为 50 亿 t，2007 年 CO_2 总排放量达到 60 亿 t。2007~2035 年，美国年 CO_2 排放量预计以每年 0.2% 的速度增长。2007~2035 年，除美国外 OECD 成员国的年 CO_2 排放量预计将以 0.08% 的速度增长，如图 1.4 所示（EIA，2011）。中国是非 OECD 国家中温室气体总排放量最大的国家，自 2007 年以来，中国的年 CO_2 排放量一直居世界首位，且增长迅速。2014 年我国 CO_2 排放量已经达到 90 亿 t，占全球 CO_2 总排放量的 27%（IEA，2016）。据 EIA 估计，中国 CO_2 排放量占全球总排放量的百分比将由 2007 年的 21% 提升到 2035 年的 31%（EIA，2011），但因中国近年大力开发可再生能源，提高能源利用效率，大力推动二氧化碳捕集、利用及封存（carbon dioxide capture, utilization and storage，CCUS）示范工程，中国 CO_2 排放量的增长速度有望逐年趋缓。

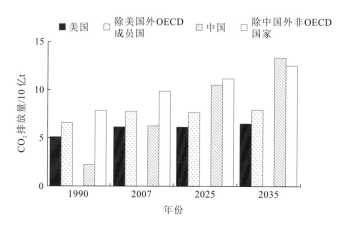

图 1.4　美国、除美国外 OECD 成员国、中国、除中国外非 OECD 国家的年 CO_2 排放量（EIA，2011）

为了减少温室效应对人类社会带来的危害，控制 CO_2 气体向大气中的排放，世界主要国家已达成共识，需共同采取措施，以抑制大气中 CO_2 浓度的升高。1992 年 5 月 9 日，《联合国气候变化框架公约》（United Nations Framework Convention on

Climate Change，UNFCCC）（简称《公约》）在纽约联合国总部通过。《公约》规定发达国家应通过各种积极有效的措施控制温室气体的排放，同时规定由发达国家补偿发展中国家履行《公约》所增加的费用，并采取切实可行的措施推动和保障有关技术转让（郭会荣 等，2014）。1997 年 12 月 1 日至 11 日，《公约》第 3 次缔约方大会在日本京都举行。会议制定了《联合国气候变化框架公约的京都议定书》（简称《京都议定书》或《议定书》）。《议定书》第三条、第四条规定了发达国家的温室气体定量减排、限排指标，即"有差别的减排"指标。各国（地区）的具体规定如下：日本、加拿大减排 65%，美国减排 7%，欧盟减排 8%，俄罗斯、乌克兰、新西兰"零"减排，澳大利亚可增排 8%，冰岛可增排 10%等。《议定书》第六条、第十二条和第十七条分别确定了三种境外减排的灵活机制，即"联合履行""排放贸易""清洁发展机制"。其核心在于，发达国家可以通过这三种机制在本国以外取得温室气体减排抵消额，以部分抵消其国内的温室气体减排量，从而使各缔约方能够以较低的成本实现温室气体减排目标。各发达国家应该确保其 CO_2、CH_4 等 6 种受控的温室气体总排放量（以 CO_2 当量计）在 2008～2012 年的承诺期内与 1990 年排放量相比至少降低 5.2%（涂瑞和，2005）。《议定书》仅对发达国家规定了相应的定量化减排和限排指标（具备法律约束力），没有为发展中国家规定明确的减排或限排义务，主要是考虑了发展中国家在温室气体减排资金投入、温室气体减排技术开发等方面面临的现实困难，同时考虑了历史上发达国家温室气体排放累积量占比较大的实际情况，具有其合理性（涂瑞和，2005）。《公约》及《议定书》开启了全球气候治理的序幕，并搭建起了早期全球气候治理的法律基础和基本框架。

2015 年 12 月 12 日，举世瞩目的巴黎气候变化大会落下帷幕，通过的《巴黎协定》和有关决定，标志着全球气候治理进入了新的阶段。《巴黎协定》重申了1992 年《公约》所确定的"公平、共同但有区别的责任和各自能力原则"，提出了 3 个国际社会应共同努力的目标：①要把全球平均气温较工业化前水平的升高幅度控制在 2 ℃以内，理想目标是不超过工业化前水平 1.5 ℃；②提高适应气候变化不利影响的能力，建立并推动温室气体低排放的可持续发展模式，同时不威胁粮食产量；③使资金流动和支出符合温室气体低排放和气候适应型发展模式（巢清尘 等，2016）。《巴黎协定》明确了 CO_2 减排的长期路径，制订了全球温室气体排放尽快达峰的蓝图，要求各国共同努力，实现到 2050 年温室气体源的人为排放与汇的清除相等、温室气体净排放量为 0 的目标（巢清尘 等，2016）。《巴黎协定》认可发展中国家达峰需要更长时间，在减缓温室气体排放方面，明确了国家自主减排的方式，提出到 2020 年后，所有缔约方将以自主贡献的方式参与到全球应对气候变化的行动中来（巢清尘 等，2016）。《巴黎协定》于 2016 年 4 月 22 日至

2017 年 4 月 21 日在联合国总部开放，供各缔约方签署。其生效的条件是：不少于 55 个《公约》缔约方提交批准、接受、核准或加入文书，且这些国家的温室气体总排放量至少占全球温室气体总排放量的 55%（巢清尘 等，2016）。我国全国人民代表大会常务委员会于 2016 年 9 月 3 日批准中国加入《巴黎协定》，中国成为第 23 个完成批准《巴黎协定》的缔约方。

与之前的《公约》《议定书》相比，《巴黎协定》在缔约方数量、生效时间等方面均有显著进步，树立了 2020 年后全球气候治理的全新模式。从形式上看，《巴黎协定》以"自主贡献+审评"模式为主，具有自愿性和半强制性的双重特征。《巴黎协定》还突破了《议定书》所遵循的发达国家和发展中国家两分法的划分标准，减排对象同时包括发达国家和发展中国家，获得了各缔约方的广泛支持（刘航 等，2018）。《巴黎协定》最终采用此种减排模式，表明了全球气候治理已从强制发达国家减排的单一模式逐渐转变为发达国家和发展中国家"自愿减排、责任共担"的混合模式。《巴黎协定》将发展中国家也纳入温室气体减排的要求中，要求发展中国家制订温室气体减排的明确指标，对包括中国在内的新兴发展中国家提出了更大的挑战。新兴发展中国家勇于承担挑战，通过与发达国家在理性务实的基础上开展平等协商，大多数新兴发展中国家都制订了符合自身实际的温室气体减排指标，进一步向世界传递了应对气候变化的决心（刘航 等，2018）。

在《巴黎协定》通过的前一年，IPCC 在其发布的气候变化第五次评估报告中就已提出了进一步控制温室气体排放，以实现全球到 2100 年温度与工业化前相比升温低于 2 ℃的目标，并评估了不同的温室气体排放情景下全球 CO_2 的排放空间。在 2100 年大气中 CO_2 浓度预计达到 926 mg/kg、526 mg/kg 和 410 mg/kg 三个情景下，2100 年全球 CO_2 的排放空间分别为 105 Gt、15.8 Gt 和 -2.2 Gt。2000 年全球 CO_2 的总排放量约为 27.9 Gt，因此 2100 年全球温度升高若控制在 4 ℃的范围内，2100 年全球 CO_2 排放量需比 2000 年减少 44%；若要实现全球温度升高低于 2 ℃的目标，则 2050 年全球 CO_2 排放量需减少 58%，到 2100 年全球 CO_2 净排放量应转变为负值（陈敏鹏 等，2010；IPCC，2014）。

为实现全球 2100 年温度升高较工业化前低于 2 ℃的目标，发达国家 2050 年和 2100 年 CO_2 排放量需比 2000 年分别减少 82% 和 111%，而发展中国家 2050 年和 2100 年 CO_2 排放量需比 2000 年分别减少 46% 和 104%（陈敏鹏 等，2010）。可以看出，2 ℃目标为发达国家和发展中国家 CO_2 的排放均确定了非常严格的上限。为实现此目标，发达国家和发展中国家的能源系统均需要升级换代，以大幅增加不产生温室气体的清洁能源的使用，提高化石能源的燃烧效率，大力开发和推广 CCUS 等碳排放控制技术。这一变革虽将为全球社会经济系统带来更高的减排成本，但这一变革是人类摆脱温室效应威胁的必经之路，也为新能源、CCUS

等相关行业带来了巨大的机遇和发展空间。

我国是世界上温室气体年排放量最大的国家。据国际能源署（International Energy Agency，IEA）数据，2014 年我国 CO_2 排放量已经达到 90 亿 t，占全球 CO_2 总排放量的 27%，其中约 80% 来自电厂、水泥厂等集中排放源（IEA，2016）。我国已签署《巴黎协议》，承诺 2030 年前温室气体排放达峰，届时碳排放量将在 2005 年水平上降低 60%～65%。在传统经济发展方式的弊病愈发明显和世界碳减排指标的重压之下，中国政府正在以一种积极的态度规划碳减排目标，展现了一个发展中大国负责任的姿态（邢玉升 等，2013）。中国实现碳减排目标，主要是从几方面入手：一是提高能源利用效率，降低单位 GDP 能耗；二是提高水能、风能、太阳能等清洁能源在能源消耗中所占比例；三是增加碳排放系数较小的天然气占化石能源消耗的比例；四是大力推进包括 CCUS 技术在内的碳排放控制技术研发与示范，而 CGUS 技术是 CCUS 技术中的重要组成部分。

1.2　二氧化碳地质利用与封存技术的分类

CGUS 技术包含的范围很广，其中既有 CO_2 强化石油开采等工艺相对成熟的技术，又有 CO_2 驱替煤层气、CO_2 增强页岩气开采等近年来新兴的 CO_2 利用技术。本节基于科学技术部社会发展科技司和中国 21 世纪议程管理中心共同组织编写的《中国碳捕集利用与封存技术发展路线图》（中国 21 世纪议程管理中心，2019）对 CGUS 技术进行分类，并对涉及的相关技术逐一介绍。

1.2.1　二氧化碳强化石油开采

CO_2 强化石油开采（carbon dioxide enhanced oil recovery，CO_2-EOR）技术是指将 CO_2 注入油藏，利用其与石油的物理化学作用实现增产石油并封存 CO_2 的工业过程。其原理是在一部分井中注入 CO_2，在另外一部分油井中开采原油。CO_2 作为驱替剂在油藏中经历较长距离和较长时间的运移。在油藏运移过程中，部分 CO_2 会溶解、分散在地层水和原油中，或以自由相占据没有与井相连通的孔隙空间。这样一方面增加了油藏的能量，另一方面通过 CO_2 和原油混合降低了原油的黏度和密度，可以大幅度增加原油的产量和采收率。同时，部分 CO_2 溶解在油藏的原油、地层水或与岩石反应形成新的物质沉积在油藏中，实现 CO_2 的地质封存（中国 21 世纪议程管理中心，2014）。CO_2-EOR 技术最早在美国开始大规模应用，至今已有近 50 年的历史。

我国强化采油的 CO_2 封存容量可达 20.0 亿～191.8 亿 t，原油增产容量可达 7 亿～15 亿 t。根据我国陆域和海域已探明的石油地质储量数据，初步测算的强化采油的 CO_2 封存容量可达 48.3 亿 t，原油增产容量可达 14.67 亿 t，其中陆域容量占 95%以上（中国 21 世纪议程管理中心，2014）。

1.2.2 二氧化碳强化深部咸水开采

CO_2 强化深部咸水开采（carbon dioxide enhanced water recovery，CO_2-EWR）技术是指将 CO_2 注入地下深部咸水层或卤水层，在实现 CO_2 长期封存的同时获取深部水资源，并从深部水资源中提取高附加值的溶解态矿产资源（如锂盐、钾盐、溴素等）的技术。CO_2 封存机理主要分为四种：结构封存、残余气封存、溶解封存和矿物封存。结构封存是指在盖层的阻挡下和 CO_2 的浮力（相对于水）下，CO_2 主要以超临界的形式聚集在封闭构造的顶部（一般是在背斜核部或是单斜构造的高点位置）；残余气封存是 CO_2 在孔隙体系运移过程中，由于孔隙中毛细压力的存在，CO_2 被水包围，CO_2 没有足够的能量突破包围而被停留；溶解封存是指 CO_2 溶解于地层水中，以 CO_2（aq）的形式存在其中；矿物封存是指溶解于水的 CO_2（aq）水解形成 HCO_3^-，与 Ca^{2+}、Mg^{2+}、Na^+等阳离子结合形成矿物沉淀，主要的固碳矿物是碳钠铝石、方解石、白云石和菱镁矿等。

我国盆地咸水层 CO_2 封存及强化深部咸水开采的潜力巨大。据专家估算，我国 25 个主要沉积盆地深部咸水层 CO_2 的封存容量可达 1 191.95 亿 t，潜在驱水量约为 40.90 亿 t。其中塔里木盆地潜力最大，其次是准噶尔盆地、鄂尔多斯盆地、柴达木盆地、渤海湾盆地、南黄海盆地、东海盆地、珠江口盆地、四川盆地等（李琦 等，2013a）。

1.2.3 二氧化碳增强地热系统

CO_2 增强地热系统（carbon dioxide enhanced geothermal system，CO_2-EGS）是一种新型的地热开采技术，用 CO_2 替代水作为传热流体注入深层热储，再通过生产井回采的地热开采利用过程。主要技术原理与以水作为传热流体的增强地热系统（water-enhanced geothermal system，W-EGS）基本相同，但由于超临界 CO_2 的特殊性，有一些优势：首先，超临界 CO_2 的密度与水接近，但黏度更低，在相同的多孔介质中受到的流动阻力更小，因此 CO_2-EGS 比 W-EGS 可以获得更大的热流量；其次，CO_2 是非极性溶剂，具有较低的盐溶性，降低了井筒和地面设备中结垢沉淀的可能。CO_2-EGS 技术不仅充分利用了 CO_2 的超临界特性来提高系统的整体效率，而且可以在开采绿色能源的同时实现 CO_2 封存。

我国地热资源丰富，开发利用地热能对改善我国能源结构意义重大。地热资源是绿色可再生能源，在未来能源供应与 CO_2 减排上具有巨大潜力。干热岩普遍埋藏于地下 3～7 km，热能值约为 $1.1×10^5$ J（蔺文静 等，2012），CO_2-EGS 技术的理论封存容量为 78 620 亿 t（Xie et al.，2013）。

1.2.4　二氧化碳地浸采铀

CO_2 地浸采铀（carbon dioxide enhanced uranium leaching，CO_2-EUL）技术是指将 CO_2 与溶浸液注入砂岩型铀矿层，通过抽注平衡维持溶浸流体在铀矿床中的运移，并与含铀矿物选择性溶解，采出铀矿的同时实现 CO_2 封存的过程。其原理主要有两个方面：其一，常规的碳酸盐浸出原理，即通过加入 CO_2 调整和控制浸出液的碳酸盐浓度和酸度，促进砂岩铀矿床中铀矿物的配位溶解，提高铀的浸出率；其二，CO_2 促进浸出原理，即 CO_2 的加入可控制地层内碳酸盐矿物的影响，避免以碳酸钙为主的化学沉淀物堵塞矿层；其三，还可部分溶解铀矿床中的碳酸盐矿物，提高矿床的渗透性，由此提高铀矿开采的经济性（李小春 等，2013）。

地浸采铀的 CO_2 封存量比较少，取决于砂岩型铀矿总量，约为数百万吨至 4 000 万 t。由于目前中国的铀矿资源勘查程度非常低，其远景封存容量可能远大于此。国际原子能机构（International Atomic Energy Agency，IAEA）预测中国可能的铀储量为 177 万 t。考虑铀矿资源中 30%为适合 CO_2 地浸的砂岩型铀矿，封存方式为结构封存、溶解封存与矿化封存三种形式，远景封存容量约为 4 000 万 t（中国 21 世纪议程管理中心，2014）。

1.2.5　二氧化碳驱替煤层气

CO_2 驱替煤层气（carbon dioxide enhanced coal bed methane，CO_2-ECBM）技术是指将 CO_2 或者含 CO_2 的混合气体注入深部不可开采的煤层中，以实现 CO_2 长期封存同时强化煤层气开采的过程。主要机理是：首先，在相同的温度和压力条件下，煤表面对 CO_2 的吸附能力大约是 CH_4 的两倍，CO_2 注入煤层后更容易被煤吸附，从而将原来吸附的 CH_4 置换出来；其次，注入的 CO_2 降低了煤层中 CH_4 自由气体的分压，从而促进 CH_4 解吸；再次，注入 CO_2 可维持注入井周围处于较高的压力，既可以缓解单纯抽采中常见的压密降渗效应，又可保持较高的压力梯度，可提高煤层气流量，进而提高产量和采收率（中国 21 世纪议程管理中心，2014）。

11

根据全国煤层气资源调查结果，考虑技术的适用深度为 1 000～2 000 m，在此埋深区间的煤层气地质储量约为 22.30 万亿 m^3。基于碳封存领导人论坛（The Carbon Sequestration Leadership Forum，CSLF）推荐的评价方法，初步估算煤层的 CO_2 封存容量约为 98.81 亿 t，可以增采 4.26 万亿 t 的煤层气（Fang et al.，2014）。鄂尔多斯盆地、准噶尔盆地、吐哈盆地、海拉尔盆地封存容量较大，占全国总容量的 70%。

1.2.6　二氧化碳增强页岩气开采

CO_2 增强页岩气开采（carbon dioxide enhanced shale gas recovery，CO_2-ESGR）技术是指利用 CO_2 代替水来压裂页岩，并利用 CO_2 吸附页岩的能力比 CH_4 强的特点，置换 CH_4，从而提高页岩气的采收率，同时实现 CO_2 封存的过程。CO_2-ESGR 在技术上可行，主要原理包括三点：首先，相同条件下，CO_2 在页岩表面的表面势能和吉布斯自由能小于 CH_4，在页岩表面的吸附热和熵减大于 CH_4，因此，CO_2 在页岩表面的吸附要比 CH_4 更有优势，有利于 CH_4 的置换。吸附态的 CH_4 分子经置换后变为游离态，可在 CO_2 驱替作用下运移到开采井进行开采（段硕，2017）。其次，超临界 CO_2 黏度较低，扩散系数大，因此，它在储碳层孔隙中流动阻力低，在外力作用下，能够有效驱替存于微小裂缝、孔隙中的游离态 CH_4。最后，超临界 CO_2 流体密度大，溶剂化能力强，能有效溶解靠近开采井的重油组分和其他污染物，提高 CH_4 的产量（李小春 等，2013）。

根据国土资源部发布的《全国页岩气资源潜力调查评价及有利区优选》（国土资源部油气资源战略研究中心 等，2016），初步评价中国陆域页岩气潜在资源潜力 134.42 万亿 m^3，可采资源潜力为 25.08 万亿 m^3（不含青藏地区），勘探开发潜力巨大。我国若采用超临界 CO_2 开发页岩气，每年 CO_2 利用量可达 60.75 Mt，CO_2 封存量可达 36.45 Mt/a（中国 21 世纪议程管理中心，2014）。

1.2.7　二氧化碳强化天然气开采

CO_2 强化天然气开采（carbon dioxide enhanced gas recovery，CO_2-EGR）技术是指注入 CO_2 到即将枯竭的天然气气藏底部，将因自然衰竭而无法开采的残存天然气驱替出来，同时将 CO_2 封存于气藏地质结构中实现 CO_2 减排的过程。一方面 CO_2 的注入有利于气藏地层压力的恢复，另一方面超临界 CO_2 密度大、黏度低的特性有利于形成和天然气的重力分异。受重力分异的作用，超临界 CO_2 会倾向于向气藏下部沉降形成天然气的"垫气"，促使天然气向上运移产出。另外，由于气

藏中 CO_2 和天然气对流扩散过程很弱，两者可在较长时间内保持不完全互溶的非平衡状态。

根据我国已勘探出的天然气地质储量，我国主要盆地的 CO_2 气田封存容量为304.83 亿 t，其中陆地区约占 78.1%，海洋大陆架区约占 21.9%。鄂尔多斯盆地封存容量最大，其次是四川盆地、塔里木盆地和柴达木盆地（刘延锋 等，2006）。

1.3　二氧化碳地质利用与封存技术的发展历程

CGUS 技术于 20 世纪 70 年代在美国兴起，当时主要目的是驱油，提高采收率，并没有封存 CO_2 以实现 CO_2 减排的目的。在 20 世纪 80 年代到 2000 年初期，在当时高油价环境下，CO_2-EOR 技术得到了迅速的发展，相应的商业应用项目在美国逐年增加。超临界 CO_2 在驱油方面的成功应用也带动了 CO_2 其他地质利用技术的发展，随着人类对气候问题的关注，"CO_2 封存"也被考虑在 CGUS 技术中。但是受特定地质资源开采技术的局限，许多技术的发展尚不成熟，甚至还处在基础研究阶段（图 1.5）。

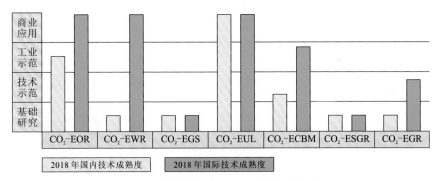

图 1.5　国内与国际 CGUS 技术成熟度

技术成熟度分级说明：①基础研究，理论分析或在室内实验室开展试验分析验证；②技术示范，以完成中等规模的全流程装置为标志；③工业示范，通过工业规模的全流程试验证实了系统的可行性；④商业应用，有多个全流程工业规模项目在运行

1.3.1　CO_2-EOR 技术发展历程

国外 CO_2-EOR 技术已经达到了商业应用的水平。美国是最早研发和应用 CO_2-EOR 技术的国家。1958 年，Shell 公司率先在美国二叠系储集层实施了井组规模的 CO_2 驱油试验，试验表明向油藏中注 CO_2 可以提高原油产量。1972 年美

国得克萨斯州的 Terrell 天然气处理厂（旧称 Val Verde 天然气厂）项目是世界上首个 CO_2 驱油商业项目，该项目的成功标志着 CO_2-EOR 技术开始走向成熟。

1979 年，美国通过石油超额利润税法，明确规定对利用 CO_2-EOR 技术获得的利润进行减税。2002 年以后，世界原油价格持续升高并突破了 100 美元/桶，这为 CO_2 驱油项目创造了可观的利润空间。在此期间仅美国 CO_2-EOR 项目就达到 137 个。随着美国 CO_2-EOR 技术逐步成熟，加拿大也开展了大量的研究。例如，2000 年开始的 Weyburn 油田项目，截至 2017 年，已经有 200 万 t 的 CO_2 被注入油田中。Boundary Dam 项目同样是将 CO_2 注入 Weyburn 油田用于驱油，从 2014 年 10 月开始运行，到 2017 年 6 月该项目已累计注入 160 万 t 的 CO_2。

2014 年以来低迷的油价限制了我国 CO_2-EOR 技术的发展和应用，但在科研院校及油田公司的共同努力下，我国 CO_2-EOR 技术现已达到工业示范水平。2006 年，吉林油田在黑 59 区块进行 CO_2 捕获与封存（carbon capture and storage，CCS）和 CO_2-EOR 技术先导试验，截至 2017 年 2 月封存 CO_2 110 万 t，阶段埋存率保持在 96%以上，累计增油 10 万 t。2010 年，中国石化胜利油田建成并投运了规模为 4 万 t/a 的 CO_2-EOR 示范工程，是我国首个燃煤电厂烟气 CCUS 全流程示范工程，截至 2017 年 3 月底，累计注入 CO_2 约 27 万 t，累计增油 5.9 万 t，提高原油采收率 10%以上，CO_2 动态封存率大于 86%。另外，在克拉玛依油田、彩南油田、中原油田等多个大型油田也有小型先导试验。

1.3.2　二氧化碳咸水层封存及 CO_2-EWR 技术发展历程

国际上 CO_2-EWR 已经达到商业应用水平，在这方面，挪威一直走在世界前列。1991 年，挪威政府制定了 CO_2 税，推动了 CGUS 技术在挪威的应用。1996 年，Statoil 公司在北海 Sleipner 气田开展了全球第一个 CO_2 咸水层封存项目，截至 2017 年，这个百万吨级规模的项目已经注入了超过 1700 万 t 的 CO_2。挪威另一个大规模 CO_2 咸水层封存项目是在 Snøhvit 气田，从 2008 年开始注入，截至 2017 年已经封存 CO_2 超过 400 万 t。备受期待的澳大利亚 Gorgon 项目已经完成 9 口注入井的钻孔施工，完全建成投运后将成为全球最大规模（每年封存 340 万～400 万 t CO_2）的 CGUS 项目。另外，挪威、韩国、美国、英国等也正在开展数个大规模 CO_2 咸水层封存项目的论证。

近年来，我国也开展了一系列相关的研究工作，但是大多是在潜力评价、CO_2 运移规律模拟和风险控制方面。示范项目只有一个，即 2010 年神华集团有限责任公司（简称神华集团，2017 年 11 月重组为国家能源投资集团有限责任公司）在内蒙古鄂尔多斯盆地实施的我国首个全流程 CCS 示范项目，截至 2015 年 4 月，已成功封存 30.2 万 t CO_2，目前仍在开展监测工作。神华集团 CCS 项目只是封存 CO_2，并没有深部咸水的开采。

CO_2-EWR 技术是在 CO_2 咸水层封存技术的基础上增加了咸水"利用"，增加了开采封存层咸水、咸水处理及利用的环节。目前纯粹以利用咸水为目的的大规模 CO_2-EWR 项目尚未见报道，我国仅在新疆准东地区有小型 CO_2-EWR 现场试验井。事实上，CO_2-EWR 技术往往可以结合在 CO_2 咸水层封存项目中。国际上的 CO_2 深部咸水层封存项目虽然没有明确指出"采水"，但是这些项目大多设有"压力管理井"，为了平衡 CO_2 的注入导致的地层压力过大，通过压力管理井开采咸水。若对开采出的咸水做进一步处理并加以利用，就满足了 CO_2-EWR 的定义。

1.3.3　CO_2-EGS 技术发展历程

CO_2-EGS 是在水作为介质的增强地热系统的基础上提出的，有许多技术共性，但也有很多差异。地热资源开发的相关研究开始较早，但直到 2000 年，Brown（2000）指出超临界 CO_2 可以替代水成为一种新的载热介质。CO_2 是非极性溶剂具有较低的盐溶性，减弱了注入与开采井筒及地表能量转换设备岩盐沉淀及结垢的可能性，以 CO_2 作为载热介质避免了与围岩间发生剧烈的矿物溶解和沉淀。但同时，CO_2 较低的热容量意味着承载同样的热量需要更大的流量，但由于其具有低黏度的特点使其在同样温压条件下具有较好的流动性，在很大程度上可以补偿低热容的不利影响。

2006 年 Pruess（2006）开展了在 EGS 中以水和 CO_2 作为载热介质的对比研究。分析评价了不同温压条件下 CO_2 与水的流动性及焓值等热力学性质特征，研究发现：与水相比，CO_2 较大的压缩系数和膨胀系数增强了浮力作用，这将减少流体循环所消耗的压力损失。与水相比，CO_2 在低温储层中热提取优势更为显著；提高注入温度，CO_2 相对于水的热提取优势下降。

2009 年，Atrens 等（2009）使用 MATLAB 软件对基于 CO_2-EGS 建设的发电厂进行了数值模拟研究，结果表明 CO_2-EGS 的发电量与以水为介质的常规的 EGS 系统发电量基本相当，但成本更低廉，设计更简单。Atrens 等对基于 CO_2-EGS 建设的电厂的经济性进行了分析，研究发现较低的 CO_2 注入温度有助于降低电厂的运行成本。Pruess 的模拟结果表明，CO_2 注入温度的降低明显增大热开采速度，2～3 km 的 CO_2 储层深度更加经济（张炜 等，2013）。

我国的 CO_2-EGS 研究处在基础研究阶段，所取得的知识和经验还很不足。2011～2013 年吉林大学开展了 CO_2-EGS 的模拟预测研究。2014 年清华大学姜培学团队进行了双井筒耦合储碳层的 CO_2-EGS 数值模拟研究，讨论了注入速率、储碳层渗透率、不同载热流体及井筒与围岩间的热交换对系统运行的影响（Zhang et al.，2014）。2014 年谢和平等对相同生产井/注入井条件下 CO_2 与水在井内流动的压力变化、储碳层热提取率等进行了模拟分析，估算了 CO_2 封存量，评价了系统的安全性和经济性（谢和平 等，2014），结果表明，对于干热岩型地热资源开采场地，比起 W-EGS，CO_2-EGS 附加循环动力的能量消耗更小，热提取率更高。

CO_2-EGS 是一项系统工程，目前还存在很多的关键技术难题，急需加强相关理论与工程实践的结合，才能为后续大规模示范及推广提供实践经验，也可为利用 CO_2-EGS 技术实施发电工程提供科学依据。

1.3.4　CO_2-EUL 技术发展历程

CO_2-EUL 技术无论是在国际还是我国均已达到商业应用水平。美国是最早应用 CO_2-EUL 技术开展工业应用研究的国家，目前美国所有的地浸矿山均采用 CO_2+O_2 地浸采铀技术。20 世纪 90 年代，我国科研人员也进行了一系列室内模拟实验研究，探索了 CO_2+O_2 地浸采铀技术。2003 年，十红滩铀矿床开展了一组"1 抽 3 注"的现场试验，在高矿化度、高氯地下水条件下的浸出液处理工艺开发方面取得重大进展。2006～2007 年，我国科研人员在通辽钱家店钱 II 块铀矿床开展了两组 CO_2+O_2 地浸采铀现场试验，采用"1 抽 4 注"的开采模式，攻克了浸出液铀浓度偏低、矿物沉降堵塞严重等地下浸出涉及的关键工艺技术难题，获取了相关的最优化地浸工艺参数，为开展工业规模的 CO_2+O_2 地浸采铀技术示范打下了坚实的基础。2007～2008 年，我国科研人员在前期工作的基础上，在钱 II 块铀矿床开展了工业性试验研究。通过对井场开拓工艺技术改进、CO_2+O_2 浸出工艺加入浸出剂的方式优化、CO_2+O_2 地浸采铀浸出液处理设备及工艺优化等方面的技术研究，获得了各项最优化的技术参数，设计了现场 CO_2-EUL 地浸开采的完整工艺流程（苏学斌，2012）。2009 年，在松辽盆地建成了我国第一座采用 CO_2+O_2 地浸采铀技术开采的矿山，这标志着我国 CO_2+O_2 地浸采铀技术开始进入商业应用。目前，CO_2+O_2 地浸采铀技术在我国松辽盆地、鄂尔多斯盆地和吐哈盆地的多个铀矿床都有应用。

1.3.5　二氧化碳强化采气技术的发展历程

CO_2 强化采气技术主要包括 CO_2-ECBM 技术、CO_2-ESGR 技术、CO_2-EGR 技术。这三种技术有共同点也有差异，驱采对象皆为 CH_4，但赋存的地质体和赋存原理不同。因此，这三种技术存在很大区别，技术的发展也各不相同。

CO_2-ECBM 技术在国际上处于工业示范水平，相关研究始于 20 世纪 90 年代的美国。1995～2001 年，美国伯灵顿资源公司在圣胡安（San Juan）盆地的 Allison 区块注入 CO_2 驱采煤层气，共计封存 CO_2 27.2 万 t（Reeves et al.，2003）。1997 年，加拿大在艾伯塔（Alberta）省的 Fenn Big Valley 地区的 Mannville 煤层中注入 N_2 和 CO_2 的混合气体，完成了 4 个先导性试验。2004 年，加拿大在艾伯塔省的 Alders Flat 地区开展了先导性试验（吕玉民 等，2011）。除此以外，日本在石狩湾和北海道，德国在勃兰登堡州的克尔钦，波兰在西莱亚西也开展了试验（申建 等，2016）。2002 年，我国与加拿大合作在沁水盆地南部开展单井现场试验，共计注入 CO_2 19.2 万 t。总体而言，我国 CO_2-ECBM 技术现处于技术示范水平。

CO_2-ESGR 技术在国内外皆处于基础研究水平，目前全球还没有示范性的工程。2000 年，美国 Tempress 公司做了先导性的超临界 CO_2 流破岩实验，结果表明超临界 CO_2 破岩门限压力远远小于水的破岩门限压力。关于 CO_2 与 CH_4 在页岩中的竞争性吸附研究近几年取得了突破性的进展。Nuttall 等研究人员系统测试了美国肯塔基州东部上泥盆统 Ohio 页岩对 CO_2 和 CH_4 的吸附能力，结果表明 Ohio 页岩对 CO_2 的吸附能力显著强于 CH_4。Busch 等对澳大利亚西部的石炭系 Muderrong 页岩进行了扩散及吸附实验，结果发现该页岩对 CO_2 的封存容量比煤和水泥砂岩都要高。Godec 等研究发现，对于 Marcellus 页岩，当注入井和生产井间距合适时，注入 CO_2 可获得 7% 的增采率。我国学者针对鄂尔多斯盆地富县陆相页岩开展的 CO_2 置换页岩气解吸试验也表明，采收率可提高 7.66%（刘丹青，2017）。

国际上 CO_2-EGR 技术处于技术示范水平。目前全球尚没有工业规模的项目，只有几个小型的现场试验。以匈牙利 BudafaSzinfeletti 项目为例，这个项目将 80% 的 CO_2 和 20% 的 CH_4 混合气注入枯竭气田中，天然气采收率提高了 11.6%。荷兰的 K12-B 项目将 CO_2 从天然气田（CO_2 浓度约 13%）中分离出来，再回注到气田，这是世界上首个 CO_2 回注项目，目前累计注入 CO_2 已经超过 10 万 t。另外，还有若干个将 CO_2 封存在枯竭气田的项目。例如，澳大利亚的 CO_2CRC Otway 项目的第一阶段（2004～2009 年）向地下 2050 m 深的枯竭气田中注入了超过 6.5 万 t 的超临界 CO_2。2010～2013 年，投资达 6000 万欧元的法国 Lacq 项目向 Rousse 枯竭气田注入了 51 340 t 的 CO_2，该项目完成注入后又经过了 3 年的监测于 2016 年结束，现用于高校的科学研究（Total，2015）。目前，我国 CO_2-EGR 技术还处在基础研究水平，相关研究大多还停留在容量评估、数值模拟分析、技术可行性分析等方面。2015 年在英国-中国繁荣战略项目基金（Strategic Programme Fund，SPF）的资助下，中国科学院武汉岩土力学研究所联合重庆大学、中国地质调查局水文地质环境地质调查中心及国家电投集团远达环保工程有限公司开展了四川盆地

CGUS 潜力评估与早期示范机会的研究，结果发现四川盆地 CO_2-EGR 潜力很大，可以实现 53.78 亿 t 的 CO_2 地质封存，CO_2-EGR 技术适宜在四川盆地尤其是重庆市开展早期技术示范。2016 年上述单位联合英国地质调查局（British Geological Survey，BGS）和爱丁堡大学，针对重庆枯竭气田 CO_2 地质封存展开了进一步的技术、经济性、安全性的可行性论证。

1.4　二氧化碳地质利用与封存对温室气体减排的意义

2017 年 7 月 11 日，美国国家海洋与大气管理局（National Oceanic and Atmospheric Administration，NOAA）更新的第 11 次《NOAA 年度温室气体指数》显示，2016 年温室气体指数比 1990 年升高了 40%，其中 CO_2 对这一增长的贡献度约 80%（NOAA，2017）。由此可见，要减小温室气体带来的负面影响，必须要着重关注"碳减排"事业。

CGUS 技术已被广泛认为是一项能够在短时间内实现大规模碳减排的技术。在全球各国的一致努力下，《巴黎协定》于 2015 年 12 月 12 日在巴黎气候变化大会上通过。《巴黎协定》指出把全球平均气温较工业化前水平升高控制在 2 ℃之内，并为把升温控制在 1.5 ℃之内努力。只有全球尽快实现温室气体排放达到峰值，21 世纪下半叶实现温室气体净零排放，才能降低气候变化给地球带来的生态风险，以及给人类带来的生存危机。而实现这一气候目标，必须要依靠 CGUS 技术。CGUS 技术能够将高排放产业转化为低碳产业，并可以在日益严格的碳排放限制条件下实现产业的持续繁荣发展。将 CGUS 技术与燃煤电厂、水泥生产、钢铁生产、煤化工等高能耗、高排放行业相结合，可以极大地减少碳排放，甚至达到"零排放"或"负排放"。

根据 IEA《能源技术路线图（2016 年版）》分析，要实现 21 世纪末温度升高不超过 2 ℃的目标，2040 年全球 CGUS 部署规模需要达到约 40 亿 t，到 2050 年达到约 60 亿 t。根据全球碳捕集与封存研究院（Global CCS Institute，GCCSI）的报告《全球碳捕集与封存现状：2017》（GCCSI，2017），截至 2017 年底，全球正在运行的大规模 CGUS 项目有 17 个，迄今为止，已有 2.2 亿 t CO_2 注入地下，2018 年还将有 4 座设施投入运行，届时每年捕集规模将达到 3700 万 t。尽管如此，全球已经运行和正在部署的 CGUS 项目规模与减排目标相比仍有很大的差距。

"碳减排"是一项全球性的事业，需全球各个国家通力合作，共同努力。我国早已认识到 CGUS 技术对于实现生态文明持续繁荣和社会良性发展的重要性，与英国、美国、加拿大、澳大利亚等发达国家的科学机构在 CGUS 技术的各方面开展了一系列的合作研究，并在中央和地方各级政府层面给出了一系列的支持政策。2014 年 11 月 12 日，《中美气候变化联合声明》发布，中国提出了到 2030 年 CO_2 排放达到峰值且将努力早日达峰的控制目标；2015 年 9 月 25 日在《中美元首气候变化联合声明》中再次重申了上述愿景。2016 年我国加入《巴黎协定》，向世界表达了我国减排的坚定决心和行动。同年国务院发布了《"十三五"控制温室气体排放工作方案》，提出到 2020 年，单位国内生产总值 CO_2 排放量比 2015 年下降 18%，单位工业增加值 CO_2 排放量比 2015 年下降 22%，并明确指出"推进工业领域碳捕集、利用和封存试点示范"。

近年来，我国 CGUS 技术取得了显著进步，科研院所、高校及企业形成"产、学、研"三维一体的合作模式，开展了多个现场试验，已经具备了实施大规模示范项目的条件和技术基础。尽管当前 CGUS 的成本较高，但是随着示范项目规模的扩大、实施经验的增多，成本必然会逐渐下降。因此，在近期，有必要加紧规划并开展大规模 CGUS 示范项目，同时需要政府在政策、法规及财政上给予支持。

▼ 第 2 章

二氧化碳地质利用与封存的
工程地质风险

在大多数地下流体工程中，流体注入引起的地层力学稳定性，特别是流体注入导致的断层活化及诱发地震问题一直是人们关注的焦点。在 CGUS 工程中，大量的 CO_2 注入储层岩石中会引起储碳层孔隙压力增加及溶蚀，进而导致储盖层应力场的变化，使得储盖层岩石发生变形破坏，或已有断层剪切强度下降而导致断层活化，从而发生滑移及诱发地震，影响 CO_2 地质封存的力学稳定性。CGUS 可能涉及的工程地质风险如图 2.1 所示，主要包括岩层及地表变形、微震、断层扩层、地下裂隙生成、井筒剪切破坏五个方面。以上工程地质风险主要是 CO_2 注入导致的应力场变化引发的。值得注意的是，应力场发生变化的范围要超出压力变化的范围，而压力变化的范围要超出注入 CO_2 的覆盖范围。本章主要就 CGUS 可能导致的地表变形、地下裂隙生成及断层扩展、微震三个方面的风险展开讨论。

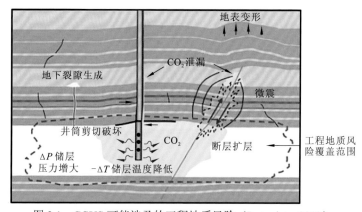

图 2.1　CGUS 可能涉及的工程地质风险（Rutqvist，2012）

目前，相关学者对 CO_2 注入引起的储盖层力学稳定性进行了大量的调查研究，主要集中在三个方面：①CO_2 注入导致地表变形的可能性；②CO_2 注入导致地下裂隙及断层扩展的可能性；③CO_2 注入引起微震的可能性。储盖层的力学稳定性问题直接影响 CO_2 的封存安全性及长期有效性，因此开展 CGUS 的工程地质风险研究具有重要意义。

2.1　二氧化碳注入导致地表变形风险

在 CO_2 注入过程中，储盖层压力及温度的变化会引起注入区及周围区域应力和应变场的变化。这可能导致可探测的地表变形，也可能导致明显的 CO_2 储层及盖层渗透性和注入性的变化。此外，在 CO_2 咸水封存中，注入压力通常在 6.9 MPa 以上，储层深度一般大于 1 000 m。因此，注入的 CO_2 流体在地层温度和压力条件下呈现超临界状态。超临界状态的 CO_2 密度为 0.60～0.75 g/mL，其密度小于岩层孔隙水，且具有较小的黏滞系数。因此，CO_2 在压力梯度及孔隙水浮力的作用下向侧上方运移，形成羽状流（plume）。这种 CO_2 羽状流产生的上浮力和储层岩石的体积膨胀力共同作用在盖层上，使得上覆地层产生垂直向上的膨胀变形。当这种累计变形足够大时，注入井附近的浅层地表便会表现为缓慢的地表抬升和隆起变形（崔振东 等，2011）。

阿尔及利亚中部地区的 In Salah CCS 项目是全球 CCS 的示范性项目。大量的 CO_2 被注入 Krechba 气田的石炭系砂岩层，该地层距离地表 1.9 km。砂岩层厚度大约为 20 m，孔隙率为 15%，渗透率为 10 mD①，上覆盖层为一个大约 1 km 厚的页岩层（Ringrose et al.，2013）。自 2004 年，通过 3 口注入井将超过 3.8 Mt 的 CO_2（图 2.2）注入地层中，并采取一系列的地球物理和地球化学手段用于监测 CO_2 封存行为。其中，合成孔径雷达干涉测量技术（interferometric synthetic aperture radar，InSAR）可用于封存场地的地表变形监测，其监测精度可达到毫米级。结合岩石力学模型，InSAR 数据可用于解释由于 CO_2 注入引起的地下压力变化而导致的岩石力学响应。InSAR 监测结果显示，CO_2 的注入引起了明显的地表抬升，最大变形量可达到 5 mm/a（Shi et al.，2013；Vasco et al.，2010），与周围地层因天然气开采导致的地面沉降形成了鲜明的对比。

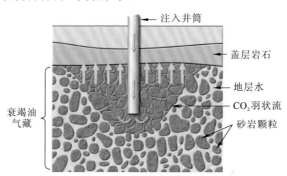

图 2.2　注入 CO_2 流体对储层上覆地层产生上浮力
示意图（崔振东 等，2011）

监测和模拟结果表明（图 2.3、图 2.4），CO_2 的注入使得岩石的有效应力减小，储层岩石发生扩容引起注入区附近地表的隆起变形。然而，这种隆起变形的程度取决于 CO_2 注入量、注入速率，储层/盖层的厚度、埋深，以及岩石的物性参数。

---

① 1 D = $0.986\,923 \times 10^{-12}$ m²。

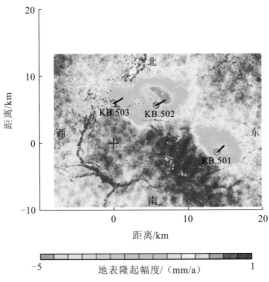

图 2.3　In Salah CCS 项目 InSAR 监测结果

图中负值代表地表隆起

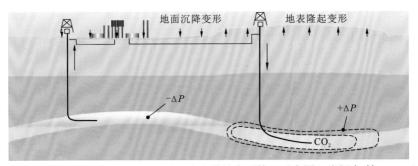

图 2.4　阿尔及利亚 In Salah CCS 项目地表差异变形情况示意图（崔振东 等，2011）

　　为了减小注入区浅层地表垂直变形的风险，在选址时应选取孔隙弹性性质较好、孔隙率和渗透率较大、埋藏深度较深的储层。一方面，高孔渗的特性可以使注入的高压流体快速扩散，防止由于局部孔隙压力过度集中而导致应力集中和垂向差异变形；另一方面，深埋藏可以有效减缓储层的膨胀和扩容变形传至地表的速率。在注入过程中，应该根据储层物性和地层压力等条件合理设计 CO_2 的注入速率和注入量。当向孔隙率和渗透率较低的地层中注入 CO_2 时，为防止局部应力集中而导致变形破坏，应适当降低 CO_2 的注入速率和注入量。此外，在注入过程中及注入后应加强地表监测，将卫星遥感与地面监测相结合，对地表垂向变形实时跟踪和预警，根据监测结果实时调整 CO_2 的注入速率和注入量等（崔振东 等，2011）。

2.2　二氧化碳注入导致地下裂隙生成及断层扩展风险

随着 CO_2 大量注入储层中，储层岩石中孔隙流体压力不断积累、增大，当超过岩石破裂压力时，可能引起储盖层岩石产生新裂隙，或已有的微裂隙发生扩张。此外，CO_2 的注入很有可能会导致已有断层的扩展。如果 CO_2 的注入导致储层压力过高，造成的地层岩石破坏（如新裂隙的产生及封闭断层的活化）可能会非常明显且不可逆转。断层活化是指已有的断层在充注超临界 CO_2 流体后，在较高孔隙流体压力作用下被激活和发生滑动。其主要力学机理可以由有效应力理论来解释：注入的超临界 CO_2 流体使得断层面上的流体压力增大、有效应力降低，进而使得断层面上的抗剪强度降低；当断层面上的抗剪强度低于断层面上剪应力时，便发生断层活化、滑动，并伴随相应的地震事件发生（崔振东 等，2011）。新裂隙的产生及封闭断层的活化可能会导致低渗透性盖层密封性遭到破坏，引发由浮力驱动的 CO_2 向浅层地下水及大气中迁移泄漏。储层压力过高也可能导致 CO_2 注入井或废弃井发生剪切破坏，造成 CO_2 通过注入井或废弃井泄漏。此外，断层的活化可能导致有感地震的发生，可能会引起当地社区居民的恐慌。有感地震可能进一步激活与 CO_2 储层相交的其他断层，造成恶性循环。

流体注入引起孔隙压力增加，导致断层扩展及岩石破坏的机理可用莫尔圆表示，如图 2.5 所示。图 2.5 中两条红线分别代表了完整岩石及原生断层的屈服准则。莫尔圆可根据岩石的最大及最小主应力确定。当流体注入储层时，孔隙流体压力增加，岩石的最大、最小主应力均减小，莫尔圆向左移动，并逐渐接近破坏准则（如图 2.5 中红线所示）。在原有断层存在的情况下，当断层面上的应力条件超过了断层面的剪切强度，断层发生失稳滑动，引起断层扩展。在完整岩石的条件下，当流体注入压力大于储层的地应力时，有效应力超过了岩石的抗拉强度，岩石发生张性破坏，即所谓的水压致裂现象。当岩石的主应力增加时，岩石发生张剪混合破坏。

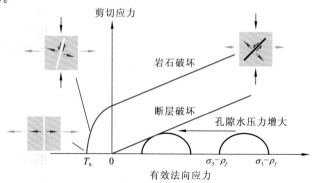

图 2.5　孔隙压力作用下的岩石破坏示意图（IEAGHG，2013）

流体注入导致的地下裂隙产生及断层扩展均以弹性波的形式向外辐射，在不同尺度上具有不同的特征及参数范围，包括震级大小和频率、破坏维度等。在场地尺度上，岩石破坏产生的弹性波辐射称为地震/微地震，岩石裂纹的大小在 1 m 以上。而在实验室尺度上，岩石的破坏产生的弹性波称为声发射事件，产生的裂纹大小在 1 μm～10 mm。根据已有的研究成果发现，天然地震与实验室的岩石破坏产生的声发射事件具有在时间分布、空间分布及尺寸分布上的相似性，因此可以将实验室的声发射事件类比于天然地震，实验室的岩石破坏的结果能直接用于模拟天然地震的特征（Lei et al.，2014）。

实验室内水压致裂实验可用于模拟流体注入诱发岩石破坏的行为。其中，超临界 CO_2 压裂作为一种无水压裂技术，已经被广泛地调查和研究。有研究发现，相对于水，超临界 CO_2 更有利于压裂裂纹的形成。

一方面，超临界 CO_2 具有较大的可压缩性及热冲击性能，在压裂时能够更有效地诱导裂缝网络的生成。Zhang 等（2017）对页岩进行了超临界 CO_2 与水的压裂实验，比较了两种不同压裂液对页岩压裂效果的影响，研究发现：超临界 CO_2 的起裂应力比水的起裂应力低 50%左右；超临界 CO_2 容易产生多条不规则的裂纹，裂纹的宽度及密度均大于水压致裂产生的裂纹，诱导产生的裂纹也能有效沟通岩石内的天然裂纹及层理面。此外，超临界 CO_2 压裂所具有的 Joule-Thompson 效应（由于气体体积膨胀而引起的温度变化）能进一步增强压裂效果。

另一方面，超临界 CO_2 与碳氢化合物具有很好的混溶性，可有效阻止小孔隙内的流动障碍，对提高油气采收率具有重要意义。在页岩层中进行压裂时，CO_2 能与页岩微空隙中吸附的 CH_4 进行交换，进一步提高 CH_4 的产气量。除此之外，当超临界 CO_2 作为压裂液时，可避免使用表面活性剂、防垢剂等压裂添加剂，降低地下水受污染的风险（Middletona et al.，2014）。

2.3 二氧化碳注入导致微震风险

在大多数涉及向深部岩层注入高压流体的地下工程应用中，由于高压流体的注入而诱发的地震事件频繁发生。对于 CGUS 项目而言，CO_2 注入引起的应力和应变场变化可能导致能被地震检波器检测到的微震事件（microseismic event）。此类微震事件的频率及强度取决于地层的原始应力场、CO_2 的注入压力、是否存在裂隙和岩石特性等因素（图 2.6）。对于非均质性岩层，即使是很微小的压力增加和岩石变形都可能导致显著的微震事件，而这些微震事件主要集中在裂隙区等局部应力较为集中的区域。特别是在已有断层的情况下，断层在孔隙压力的作用下容易发生活化，进而导致较大的有感地震（Zoback et al.，2012）。与大多数天然地震不同，诱发地震一般在注入开始后产生，并在注入停止后的几年或几十年后继续发生。诱发地震的特征与流体注入速率、注入量密切相关。商业化的 CO_2 地质封存项目往往需要向深部地下储层注入大量的高压 CO_2 流体，注入率一般大于 1 Mt/a，注入周期大于 10 年。目前，已在多个 CO_2 地质封存项目注入区域附近均监测到地震活动，见表 2.1。对于 CGUS 项目，可将监测地表变形及微震作为研究地下 CO_2 流动和地质力学过程的手段（Mathieson et al.，2011；Burch et al.，2009）。

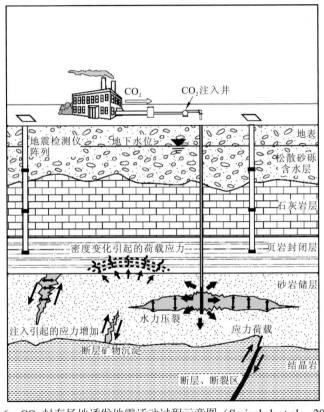

图 2.6　CO_2 封存场地诱发地震活动过程示意图（Sminchak et al.，2003）

表 2.1　**CO_2 注入诱发地震的案例**（White et al.，2016）

工程名称	类型	监测手段	诱发地震特征	地震类型
美国 Aneth	CO_2-EOR	钻孔阵列	震级大小：M1.2 到 M0.8 地震发生时间超过 1 年，共 3800 个事件，震源似沿着两条断裂带分布	II

工程名称	类型	监测手段	诱发地震特征	地震类型
美国 Cogdell	CO₂-EOR	地震台站网络	6 年内共发生一个 M4.4 的地震事件，18 个大小超过 M3 的事件	Ⅰ
加拿大 Weyburn	CO₂-EOR	钻孔阵列	震级大小在 M3 到 M1，地震发生时间超过 7 年，共 100 个事件，呈扩散分布	Ⅱ
美国 Decatur	CO₂ 地质封存	钻孔阵列地表台站	震级大小在 M2 到 M1，地震发生时间超过 1.8 年，共发生 10123 个事件，震源呈多条带状分布	Ⅰ
阿尔及利亚 In Salah	CO₂ 地质封存	钻孔阵列	震级大小在 M1 到 M1，地震发生时间超过 2 年，共有 5 500 个事件	Ⅰ 和 Ⅱ

注：类型 Ⅰ 为集中在高压区的地震事件；类型 Ⅱ 为发生在高压带外围的地震事件

2.3.1 加拿大 Weyburn 油田诱发微震

位于加拿大萨斯喀彻温省的 Weyburn 油田的 CO_2-EOR 项目是最早实施微震监测的项目。Weyburn 油田从 1960 年起便开始用水进行强化驱油，提高油田采收率。自 2000 年 10 月起，CO_2 开始被注入 1 430 m 深的密西西比纪查尔斯组的 Marly 层白云岩和 Vuggy 层石灰岩 2 套碳酸盐储层中用于提高采收率。储层厚度为 20～30 m，孔隙率为 10%～30%，渗透率为 10～50 mD。预期注入 15 年，至 2015 年停止，预期封存 CO_2 总量大约为 20 万 t。截至 2011 年，CO_2 已通过上百口井注入，最高总注入速率达到 5.3 Mt/a。单井注入速率为 50～500 t/d（White et al.，2016）。

2003 年 8 月，工程师在距 CO_2 注入井 50m 处的一口废弃井内安装了一个井下地震监测阵列，用于监测流体注入抽采等行为。2003～2010 年，大约有 100 个震级大小在 M3 至 M1 的微震事件被监测到（Verdon et al.，2015）。根据监测结果分析，该区域的地震发生频率较低，微震震源的位置分布较分散。相对于注入层，大部分的小微震不是分布在储层内，而是分布在储层的上覆及下伏地层（Verdon et al.，2011）。根据地质建模分析，该区域的微震事件主要是受储层变形的应力扰动所引起，而不是简单的流体注入引起的孔隙压力增加。

值得注意的是，在 CO_2 注入前，Weyburn 油田已有很长的注水强化开采的历史，对 CO_2 注入与地震的相关性研究形成了一定的干扰。在对地震事件定位过程中，需要使用精确的 P 波及 S 波速度。因此，CO_2 的区域饱和度对定位结果影响明显。CO_2 区域饱和度和地震事件的空间分布表明，地震分布受到储区化学性质变化的影响。此外，由于受到微震震级较低和地震仪阵列分布的影响，地震活动和环境噪声难以区分，震源的准确位置难以精确定位。

2.3.2　美国 Decatur 项目诱发微震

位于美国伊利诺伊盆地的 Decatur 项目是美国第一个大规模的 CO_2 地质封存示范项目，2011～2014 年，注入了超过 1 Mt 的 CO_2 至地下 2 100 m 深的高渗透砂岩咸水层中。该储层厚度为 550 m，分布范围广，封存潜力巨大。该储层直接覆盖在前寒武纪花岗岩的基底上。在该封存区域，安装了两组微震检波器，一组安装在注入井 CCS1，深度在 1 751～1 871 m；另一组安装在监测井 GM1，深度在 624～1 052 m，两井相距 61 m（Will et al.，2014；Couëslan et al.，2014）。此外，美国地质勘探局（United States Geological Survey）安装了 12 个地表监测台站及浅井地震阵列（Kaven et al.，2015）。两组监测序列均观察到微震事件的丛集现象。地震震源沿着东北方向具有线性排列方式，集中在储层底部并向花岗岩基底延伸。这个地震分布说明 CO_2 注入引起的压力增高使得花岗岩基底内许多小断层发生活化（Kaven et al.，2014），而储层上部的盖层（Eau Claire 页岩层）中没有观察到明显的微震事件。在注入 CO_2 的 22 个月内，井下微震监测仪共监测到 10 123 个事件，震级大小在 M2 至 M1 之间。其中，2 573 个地震事件具有完整波形，可用震源定位及矩张量大小反演。微震活动在 2012 年 6 月达到峰值，1 个月内共监测到 477 个微震事件。定位结果显示 95%的事件分布在距离 CCS1 注入井 1 372 m 的径向半径内，其中绝大部分沿着东北方向线性排列（Will et al.，2014）。结合其他监测手段，微震监测结果显示，微震活动主要与压力前缘的异常有关。CO_2 注入的改变会引起微震事件发生速率的变化，而当 CO_2 注入情况相对稳定时，微震活动即趋于稳定（Couëslan et al.，2014）。

2.3.3　美国得克萨斯州 Cogdell 油田微震

为了提高油气采收率，得克萨斯州 Cogdell 油田在 1957～1982 年进行注水操作，并在 1974 年开始监测到诱发地震事件，其中最大事件发生在 1978 年 6 月的一个 M4.6 级的地震，而在 1983～2005 年，美国国家地震信息中心没有监测到其他地震事件（White et al.，2016）。之后，为了实现 CO_2 驱油目的，自 2004 年，超临界 CO_2 开始以定量的方式被注入地层中，但注入速率较小。而在之后的 2006～2011 年，气体注入速率明显提高，并监测到 18 个震级大于 M3 的地震事件。为了研究 CO_2 注入与地震发生之间的联系，6 台临时性的地震台站安置在油田区域内，并在 2009～2010 年精确记录了 93 个地震事件。气体注入与地震发生的时间相关性研究说明，大量的 CO_2 注入很有可能诱发震级大于 M3 的地震事件。此外，使用二重差分方法对这些事件进行重新定位，发现大多数事件沿着东北—西南方向线性丛集，很有可能与之前一条没有被发现的断层有关（Gan et al.，2013）。

2.3.4　阿尔及利亚 In Salah 项目诱发微震

阿尔及利亚的 In Salah 项目是将天然气开采过程中伴生的 CO_2 重新回注到 Krechba 气田中。2004～2011 年，共有 386 万 t CO_2 通过 3 口井被注入一个 20 m 厚的石炭系砂岩储层中，注入速率高达 50 mmscf/d。大量的高压 CO_2 注入地层中引起注入区域附近的孔隙压力增加。InSAR 雷达卫星监测结果显示 CO_2 的注入引起了地表变形，导致地表抬升（见 2.1 节）。在 2009 年，即 CO_2 注入 5 年后，在注入井 KB-502 附近安装了微震监测阵列。此外，在一口 500 m 深的垂直井中安装了一系列的地震检波器。监测结果显示，诱发的最大地震震级为 $M_w = 1.7$（Stork et al.，2015）。事件规律满足 Gutenberg-Richter 定律，计算所得的 b 值为 2.17 ± 0.09。高 b 值的结果与大部分注入诱发地震的结果类似（Verdon et al.，2015）。

大部分与流体注入有关的工程监测结果表明，在诱发地震活动较活跃的区域，常常伴随着断层的存在。已有研究发现，诱发地震的空间分布明显受已有断层的控制。较大地震，尤其是中强地震往往都是已有断层发生活化引起的，如图 2.7 所示（Rutqvist et al.，2016，2014）。并且，这些断层多数是隐伏断层，有的通过物探和钻孔资料已知，有的仍是未知（雷兴林 等，2014）。断层的活化及地震的诱发一方面会引起深部咸水或注入的 CO_2 沿着地下裂隙或活化的断层向地表迁移，污染地下浅层的饮用水；另外，地震的产生，特别是有感地震会导致震区附近的人员财产损失，引发公众恐慌，不利于社会安定（White et al.，2016）。因此，深入研究注入流体导致的断层活化机理及诱发地震的风险评估方法和监测、控制技术至为关键。

根据文献调研，储层岩石的应力场变化、孔隙水压力变化、岩石体积变形及微观结构等因素的变化均有可能诱发地震活动。一个简单的库仑准则可用于判别断层的稳定性（White et al.，2016；Pan et al.，2016）：

$$\tau \leqslant \mu (\sigma - p)$$

式中：τ 和 σ 为断层面上的剪切力和正应力；p 为孔隙流体压力；μ 为摩擦系数。$\sigma' = \sigma - p$ 代表了断层面上的有效应力。储层内孔隙压力 p 增加或地层应力减小均会导致断层面上的有效应力减小。当断层面上的切向力大于断层抗剪强度时，断

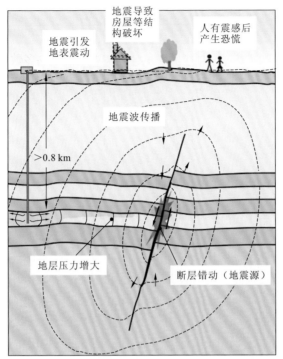

图 2.7　CO$_2$ 注入引起的断层活化、地震波传播、地表变形及
对地面设施及人类的影响（Rutqvist et al.，2014）

层便会发生滑移。当断层面处于临界应力状态时，即断层面上的切应力接近断层面的抗剪强度时，孔隙压力微小的扰动（<1 MPa）便会引起断层滑动，诱发较大的地震（Mazzoldi et al.，2012）。其中，断层面的倾角及其相对于地应力的方向在一定程度上也会影响断层的稳定性。在 CO$_2$ 地质封存中，高压 CO$_2$ 的注入一方面会引起断层面上流体压力的增加，有效应力降低，另外流体的存在会引起断层的黏聚力降低，影响断层面的摩擦系数。因此，在这两方面的综合作用下，断层面的抗剪强度在 CO$_2$ 的作用下明显降低，一旦断层面上的剪应力超过断层面的抗剪强度时，断层会活化并产生摩擦滑动，最终引起微地震，其活化机制如图 2.8 所示。

然而，相对于废水回注、页岩气压裂开采、地热开采等工程，在 CO$_2$ 地质封存项目中，注入的 CO$_2$ 与地层水和岩石的相互作用也被认为是诱发地震的因素之一。在 CO$_2$ 的作用下，岩石内部矿物质的溶解与沉淀会对断层有重要影响，特别是沿着断层面方向矿物质的沉积和溶解会影响整个断层系统的应力结构。矿物质的沉淀会使得断层面上的孔隙率和渗透率降低，引起压力突变及构造断裂破坏。反之，超临界 CO$_2$ 具有溶解性，CO$_2$ 注入过程中断层表面矿物质发生溶解，断层

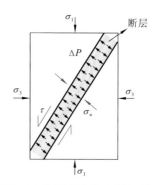

图 2.8　孔隙压力增加引起断层活化的力学机制（Pan et al.，2016）

强度及岩石结构弱化，因此发生岩石破坏及断层错动的可能性也增大。此外，黏土矿物与超临界 CO_2 反应后很有可能会发生膨胀变形，进一步产生额外的应力扰动，也会对断层的稳定性产生影响。

　　若不考虑水和超临界 CO_2 性质的不同，其诱发的地震模式具有一定的相似之处，因此可以将这两类事件做类比。与水相比较，超临界 CO_2 压缩性强，密度小，其较强的压缩性使得注入流体的压力较小，地震频次更低（魏晓琛 等，2014）。

　　在 CO_2 地质封存工程中，大量的高压 CO_2 流体注入地层中必然会引起地层压力的上升，因此断层活化及诱发地震的工程地质风险自然会增大。此外，随着 CO_2 地质封存工程规模的增加，诱发地震事件的风险也随之增大。诱发地震的频次和最大震级一般与 CO_2 注入量、注入速率、地层渗透率及地层应力大小等存在正相关性。有报道显示，CO_2 地质封存场地诱发的地震一般数量较小（<100/a），震级也不大（M2 到 M1）（IEAGHG，2013）。然而，在封存场地附近诱发的有感地震所引起的民众恐慌在很大程度上会影响公众对 CO_2 地质封存这一技术的认可程度，进而引发当地政府对 CO_2 注入安全性方面进行重新审视和评估。公众对 CO_2 地质封存技术的抵制很有可能会导致与 CO_2 注入有关的项目计划搁浅，甚至终止。为了防患于未然，降低断层活化及诱发地震的风险，在选址时应尽量避免存在活动断裂带和断层发育带，特别是那些贯穿于储层与盖层的活动断层。在项目实施前应进行必要的工程地质力学模拟，分析流体压力增加引起断层活化及诱发地震的可能性。此外，在注入过程中应加强注入区域的储层物性、地表位移及地震监测，根据监测结果合理调整注入方案，并做好预警和应急预案。

第 3 章

二氧化碳地质利用与封存引发二氧化碳及咸水泄漏风险

CO_2 注入储层后，会增大储层中的压力，并在储层中运移。如果潜在的泄漏途径（如废弃井筒、断层等）与 CO_2 储层有交汇，则注入的 CO_2 可能会在压力和自身浮力的共同作用下通过泄漏途径向浅层地下水及大气迁移，造成 CO_2 的泄漏。因 CO_2 储层中压力增大，储层中原有的咸水也可能在压力的推动下通过泄漏途径向浅层地下水及大气迁移，造成咸水泄漏。美国能源部对注入深部地层的 CO_2 及咸水泄漏的可能途径及造成的影响做了详细的归纳（图 3.1）。

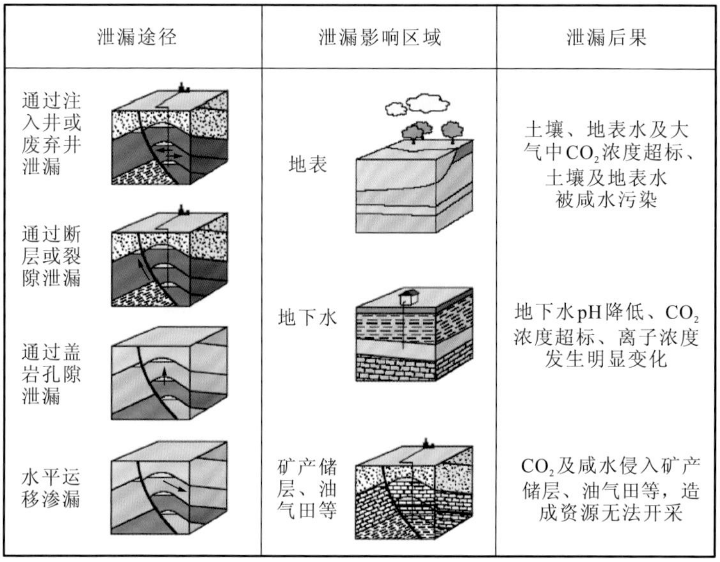

泄漏途径	泄漏影响区域	泄漏后果
通过注入井或废弃井泄漏	地表	土壤、地表水及大气中 CO_2 浓度超标、土壤及地表水被咸水污染
通过断层或裂隙泄漏	地下水	地下水 pH 降低、CO_2 浓度超标、离子浓度发生明显变化
通过盖岩孔隙泄漏		
水平运移渗漏	矿产储层、油气田等	CO_2 及咸水侵入矿产储层、油气田等，造成资源无法开采

图 3.1　CO_2 及咸水泄漏的可能途径、泄漏影响区域及可能造成的泄漏后果（USDOE，2011）

在 CGUS 项目中，地层的完整与密封性是确保将 CO_2 长期安全隔离在地下的关键因素。而在长期的存储中，一些自然及人为因素可能导致 CO_2 从储层中散逸出来。CGUS 项目中 CO_2 泄漏的可能途径可以分为 4 种。①通过盖层泄漏。当 CO_2 的封存压力超过盖层的毛细管压力，CO_2 可能通过盖层的连通孔隙散逸到上部地层。②通过地层中不连续构造泄漏。地层中不连续结构可能具有很好的导通性，成为 CO_2 泄漏的途径。③通过现有的注入井或废弃井泄漏。当现有的注入井或废弃井的密封性发生问题时，CO_2 会通过注入井或废弃井泄漏到地面。④CO_2 通过溶于孔隙流体，随天然流体流出储存场地。但是由于地下深部流体的流速十分缓慢，通过该途径发生泄漏的可能性及危害性很低。

CO_2 发生泄漏之后会对人类及自然造成极大的危害。CO_2 的泄漏可能由深部地层泄漏途径（井筒或断层）直接泄漏到地面，对地面生物及大气环境造成影响；也有可能途经上部地层泄漏到地下水或土壤中，对地下水及土壤环境造成危害。

因此，充分认识 CGUS 的泄漏风险，可为避免该类事故的发生提供预先防范的选项和防范范围。

3.1　二氧化碳通过盖层泄漏风险

盖层是覆盖在储层上方的低渗透性岩层，可阻挡流体上移，一般盖层岩性为黏土质页岩、泥岩、石膏及低渗粉砂岩等。在 CO_2 地质封存项目中，盖层的封闭性是确保 CO_2 长期安全封存的重要因素，对盖层封闭性能的评价是场地筛选及安全性评价的重要任务。由于岩石内部存在着大量的孔隙、微裂隙，即使极为完整的岩石对流体的封闭作用也是有限的，当储层超压时，流体会透过盖层发生泄漏（高帅，2016）。目前已在多个 CO_2 地质封存项目中监测到了 CO_2 透过盖层发生了泄漏，如美国的 Western Colorado 驱油项目、澳大利亚的 Otway 封存项目和意大利的 Latera 封存项目等。

盖层的封闭机理主要包括物性封闭性机理和压力封闭性机理。物性封闭是指依靠岩石孔隙的毛管压力阻止外来的流体进入或穿透盖层，也称毛细管封闭机理（如图 3.2 所示）。压力封闭是指上覆地层在沉积过程中欠压实造成盖层中孔隙水压力下覆储层剩余压力，起到了封闭作用。一般只存在于压实现象的泥

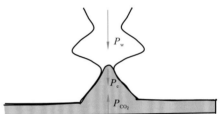

图 3.2　盖层物性封闭机理示意图
（高帅，2016）

岩盖层中或其他原因造成地层压力过大的上覆地层中。多数盖层主要依靠盖层的物性封闭机理对储层 CO_2 进行密封。目前常用突破压和渗透率来评价盖层的封闭能力。

突破压是 CO_2 进入盖层岩石时储盖层之间的最小压力差。CO_2 透过盖层发生泄漏时，CO_2 压力应超过盖层的突破压，即储层中 CO_2 压力与盖层中静水压力之差应超过盖层岩石孔隙的毛管压力，如图 3.2 所示。突破压计算可根据 Washburn 公式得到（Washburn，1921）：

$$P_c = P_{CO_2} - P_w = \frac{2\sigma \cos\theta}{r}$$

式中：P_c 为盖层的突破压；P_{CO_2} 为储层中孔隙 CO_2 压力；P_w 为盖层静水压力；σ 为 CO_2 与水之间的表面张力；θ 为 CO_2-水-岩石之间接触角；r 为盖层岩石内部最大连通孔隙的孔喉半径。突破压的大小与岩石孔隙半径、表面张力和接触角有直

接关系。突破压可通过实验室实验进行测量，其测量方法包括压汞法、连续法、分步法、驱替法和脉冲法。

渗透性是多孔介质材料重要的物理性质。岩石渗透性常用渗透系数或渗透率来衡量。渗透系数与材料的性质及流体介质有关。渗透率是岩体介质渗透性能的一种平均性质，其大小仅取决于材料的性质，而与流体性质无关（王颖，2009）。

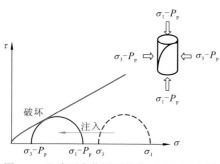

图 3.3 孔隙压力作用下的岩石破坏示意图

此外，储层 CO_2 超压不仅可能超过盖层的突破压引发泄漏，而且可能引起盖层岩石的破坏，产生裂隙而造成泄漏。因为当储层 CO_2 压力升高，会引起储盖层岩石的有效应力的降低。有效应力的降低会使岩石的强度下降，在局部构造应力的作用下有可能造成岩石的破坏而产生裂隙，从而为 CO_2 的泄漏提供通道，如图 3.3 所示（IEAGHG，2015）。

3.2 二氧化碳及咸水通过断层泄漏风险

沉积盆地中常见的非连续地质构造是地下流体跨地层运移的主要途径（图 3.4）。断层即为典型的一类非连续地质构造，在可能进行 CGUS 的场地中较为普遍（Chang et al.，2008）。CO_2 注入断层区域后，会在该区域累积，进而造成孔隙压力上升，导致断层的有效正应力降低。有效应力的降低会造成断层沿法向张开而引起断层渗透性的增加，极大地增加 CO_2 泄漏的风险。天然 CO_2 通过断层泄漏的实例如图 3.5 和图 3.6 所示。

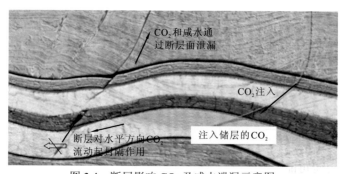

图 3.4 断层影响 CO_2 及咸水泄漏示意图

图 3.5　天然 CO_2 泄漏形成的气泉（Feitz，2017）

树木枯萎
死亡区域

图 3.6　猛犸象山（Mammoth Mountain）CO_2 泄漏
导致周边树木死亡（USGS，2007）

　　值得注意的是，断层的存在不一定会引发 CO_2 的泄漏，其泄漏风险与断层的渗透性及延伸位置有关。当断层的密封性较好时，CO_2 难以穿过断层而逃逸出来。一般断层的渗透性与其流通方向有密切关系。因为横穿断层方向的渗透率较低，断层可对该方向的流动流体起封隔作用；而沿断层延伸方向的渗透率较高，CO_2 和咸水容易沿该方向泄漏，如图 3.7 所示。即使 CO_2 会通过断层泄漏，当断层的上下边界区域存在密封性较好的盖、底层时，CO_2 也难以逃逸到地表。即使泄漏的 CO_2 进入其他高渗地层，也可能在进入浅层地下水或大气之前被高渗地层上方的低渗层阻隔。

　　当 CO_2 注入区域存在断层，必须要对 CO_2 通过断层泄漏的可能性及造成的后果进行分析。值得注意的是，CO_2 通过断层进入储层和浅层地下水之间的高渗地

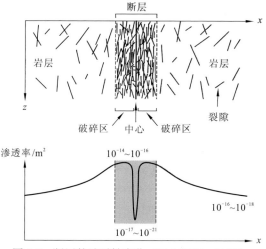

图 3.7　断层的渗透性变化（IEAGHG，2015）

层会带来有利和不利两方面影响。有利影响是，CO_2 进入高渗地层衰减了 CO_2 向上泄漏的通量。不利影响是，CO_2 进入高渗地层可能将 CO_2 的泄漏影响传播到更广阔的区域（Oldenburg et al.，2003）。

综上所述，CO_2 通过断层的泄漏量及影响范围对地下条件非常敏感。需要根据 CO_2 储层、盖层、断层、浅层地下水层和其他高渗地层的厚度、延伸范围、初始压力、岩石物理化学特性、边界条件等来分析断层对 CO_2 泄漏的影响。

目前正在运行和已结束运行的 CGUS 工程尚未有注入 CO_2 沿断层泄漏的报道，但深层天然 CO_2 气藏通过断层泄漏的情况已发现多起案例，如美国犹他州天然 CO_2 气藏、美国斯普林格维尔-翰斯 CO_2 气田和中国青海平安地区 CO_2 气藏等。下面简要介绍这 3 个案例的相关情况。

1. 美国犹他州天然 CO_2 气藏

位于美国犹他州中部的 Paradox 盆地北端有一个溶有 CO_2 的天然咸水层。两个断层贯穿该咸水层，虽为该层提供了横向圈闭，阻止了 CO_2 在水平方向的运移，但因断层贯穿咸水层上方的盖层且断层面的渗透率较高，因此该断层形成了 CO_2 迁移到地面的泄漏通道。实地调查发现，溶有 CO_2 的地下水通过断层面不断从泉水和间歇泉中泄漏出来（任韶然 等，2014）。

2. 美国斯普林格维尔-翰斯 CO_2 气田

斯普林格维尔-翰斯 CO_2 气田（Springerville–St. Johns CO_2 field）是天然 CO_2 气田。该气田位于科罗拉多高原东南边缘，毗邻小科罗拉多河，面积达 $1\,800\ \text{km}^2$。斯普林格维尔-翰斯 CO_2 气田的形成与年轻的玄武质火山活动密切相关，CO_2 主要来自二叠系硅质碎屑岩和碳酸盐岩。该 CO_2 气田埋深比较浅，CO_2 埋藏深度小于 800m，并有 CO_2 泄漏。CO_2 溶入地下水改变了地下水的化学特性，导致了溶于地下水的 CO_2 与岩石的相互作用。在 CO_2 开始涌入该地区之后不久，地下流体系统即因 CO_2 的流入而变得超压并发生酸化，导致二叠系灰岩和白云岩的溶蚀，产生开放性裂缝，从而使大量的 CO_2 沿着主要断层带泄漏到地表（Moore et al.，2005）。

3. 中国青海平安地区 CO_2 气藏

平安地区 CO_2 气藏位于青海省东部的平安地区祁家川河谷阶地后缘。该气藏位于西宁盆地小峡凸起以东，平安凹陷以内，处于海东市的中心位置。气藏地表存在 CO_2 气水混合天然露头，气体主要成分为 CO_2，浓度为 87.6%～94.14%，属于较典型的 CO_2 气藏；其次为 N_2，浓度为 4.44%～9.66%；此外还有 O_2 和微量 Ar（郑长远 等，2016）。气藏区存在三个高浓度 CO_2 泄漏点，分别在冰凌山、上尧庄、三合镇（图 3.8）。CO_2 泄漏点的形成和释放，主要受区内构造运动的影响。

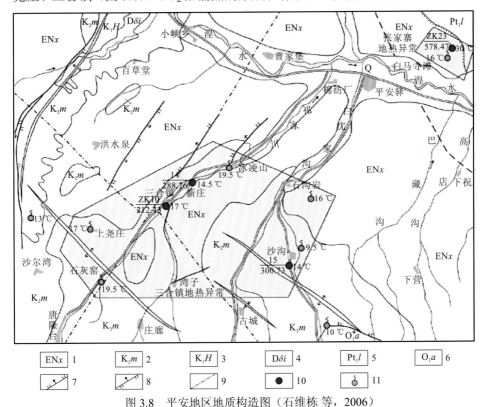

图 3.8　平安地区地质构造图（石维栋 等，2006）

1.西宁群；2.民和组；3.河口群；4.泥盆纪小峡英云闪长岩；5.刘家台组；6.阿夷山组；7.实测正断层；
8.实测逆断层；9.隐伏或物探推测断层；10.钻孔，左上为编号，其左下为孔深（m）；右为井口温度（℃）；
11.温泉，左右任一侧注记为温度（℃）

如图 3.9 所示，气藏区域存在着多条断层。CO_2 泄漏点都存在于区内断裂分布密集带周边，均为断裂相交区域。受这些断裂构造及大断裂之间相互沟通关联的次级断裂的影响，形成了平安地区 CO_2 气藏的泄漏网络（郝瑞娟，2017）。

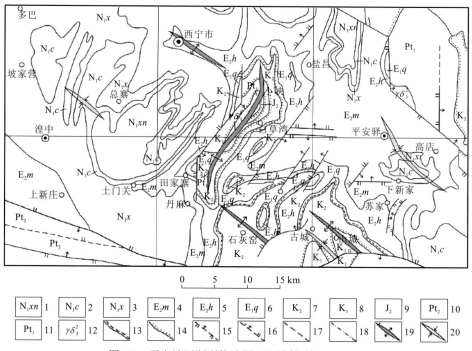

图 3.9　平安地区断裂构造图（石维栋 等，2006）

1. 咸水河组；2. 车头沟组；3. 谢家组；4. 马哈拉沟组；5. 洪沟组；6. 祁家川组；7. 上白垩统；8. 下白垩统；9. 中侏罗统；10. 中元古界；11. 古元古界；12. 加里东中期花岗闪长岩；13. 平行不整合界线；14. 角度不整合界线；15. 实测及推测逆断层；16. 实测及推测正断层；17. 实测及推测性质不明的断层；18. 物探推测的隐伏断裂；19. 背斜；20. 向斜

3.3　二氧化碳及咸水通过注入井或废弃油气井泄漏风险

CO_2 可能通过与 CO_2 储层或盖层相接触的人工构筑物泄漏，最具有代表性的此类人工构筑物即为井筒。事实上，普遍认为注入储层的 CO_2 通过注入井或废弃井泄漏是可能性最高的一个泄漏途径。石油行业的经验表明，由于操作不当或油井套管、封隔器、灌注水泥等的退化，废弃油井往往是重要的泄漏途径之一，而这条经验同样适用于新兴的 CGUS 行业。在可望用于 CGUS 的沉积盆地（如加拿大西部艾伯塔沉积盆地和美国得克萨斯州西部的 Permian 沉积盆地）中，存在有数百口用于石油和天然气勘探和生产的油气井。因为这些油气井本身可在改造后用于 CO_2 的注入，且沉积盆地附近的炼油厂、化工厂等可作为 CO_2 注入的气源，所以这些盆地是在北美进行 CGUS 的首选。然而，这些盆地存在大量的油气井筒，可能为 CO_2 向浅层地下水和大气泄漏提供逃逸通道，造成 CO_2 封存场地周围的环境污染。以加拿大艾伯塔盆地和美国 Permian 盆地为例，两个盆地范围内曾用于石油和天然气开采的废弃井多达数十万个，可用于 CO_2 地质封存的候选地层——艾伯塔盆地的 Viking 咸水层与 9 万多个废弃井井筒发生交汇（李琦 等，2016；Nordbotten et al.，2008；Gasda et al.，2004）。由于油气井井筒直接与浅层地下水和地表相连，可以提供 CO_2 从封存地层迁移至浅层地下水和地表的通道，形成潜在的 CO_2 泄漏风险（Viswanathan et al.，2008；Gasda et al.，2004；Carroll et al.，2004）。因此，研究封存在储层的 CO_2 通过与储层接触的井筒泄漏的风险，是评价 CO_2 地质封存环境风险的核心问题，也是 CGUS 领域的研究热点之一。开发可量化 CO_2 通过井筒泄漏量的风险评估体系，对 CO_2 通过井筒泄漏的可能性及风险进行评价十分必要（Celia et al.，2003）。

在井筒保持良好完整性的情况下，CO_2 通过井筒泄漏的风险基本不存在。在井筒完整性受损，井壁及井内部产生裂隙时，CO_2 通过井筒泄漏的风险大为上升（Viswanathan et al.，2008；Nordbotten et al.，2008）。因此，CO_2 通过井筒泄漏的风险与井壁及井内部裂隙的渗透性直接相关。CO_2 通过井筒裂隙最主要的泄漏途径有六个（图 3.10）：通过钢套管-固井水泥环交界处的裂隙、通过固井水泥环内部的裂隙、通过固井水泥环-井壁围岩（盖层岩石）交界处的裂隙、通过水泥塞与钢套管之间的裂隙、通过水泥塞内部的孔隙渗漏、通过因腐蚀产生的钢套管裂缝泄漏（Carroll et al.，2016；任韶然 等，2014；Zhang et al.，2011；Gasda et al.，2004）。综上所述，废弃油井或老油井井筒完整性的缺失被广泛认为是封存 CO_2 最有可能的泄漏途径。

为进行 CO_2 通过井筒泄漏程度的评估，需要两组对井筒进行描述的参数。第一组参数是现有油井的空间位置，第二组参数是相关的井筒水力学参数（有效渗透率、孔隙率等）。井筒空间位置的确定需要基于地理信息系统（geographic information system，GIS）的可用性强、高质量的数据库，通过分析数据库提供的空间信息确定井筒位置，并开发可快速量化井筒空间分布和模式的算法。另外，通过查阅钻探资料，也可能获取某些盆地井位置、时间及空间统计数据。如加拿大艾伯塔省的能源和公用事业委员会在网上发布有艾伯塔盆地井筒分布的高质量和完整性的数据库,用户可方便地使用数据库来表征艾伯塔盆地井筒的空间分布，并使用数据库附带的统计工具获得井密度和空间分布规律的信息。

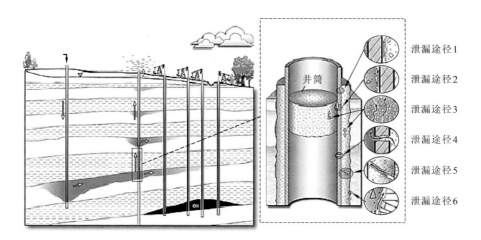

图 3.10　注入 CO_2 通过井筒泄漏的示意图及 6 个主要泄漏途径（Gasda et al.，2004）

泄漏途径 1，通过钢套管-固井水泥环之间的裂隙；泄漏途径 2，通过水泥塞与钢套管之间的裂隙；泄漏途径 3，通过水泥塞内部的孔隙渗漏；泄漏途径 4，通过因腐蚀产生的钢套管裂缝；泄漏途径 5，通过固井水泥环内部的裂隙；泄漏途径 6，通过固井水泥环-井壁围岩（盖层岩石）交界处的裂隙

对井筒泄漏程度进行评估，还需要开发对井筒水力学参数进行量化的方法。为开发对井筒水力学参数进行量化的方法，需要对井筒材料（套管、固井水泥等）长时间暴露在高浓度 CO_2 情况下的腐蚀状况进行试验及数值模拟，并分析井筒的相关数据（如井的年龄和建造中使用的各种材料），为量化井筒水力学相关参数积累有价值的信息。

3.4　二氧化碳及咸水泄漏环境污染风险

在 CGUS 工程中，CO_2 突发性或缓慢性泄漏，可能引发地下水污染、土壤酸化、重金属及有毒元素的迁移、人类及生物的窒息、植物或微生物的死亡等一系列环境问题。CO_2 的泄漏包含两种情景，即突发性泄漏和逐步泄漏。突发性泄漏是指由于操作失误、注入井破裂等突发状况造成的 CO_2 突然、快速地释放，而逐步泄漏是 CO_2 通过未被发现的断层、断裂或泄漏井释放。相比而言，逐步泄漏是更平缓、弥散地释放 CO_2 到浅层地下水或地表，可能难以被快速监测到，与易被察觉的突发性泄漏相比具有更大的潜在危害性。另外，向储层中注入 CO_2 后，储层的压力会增大。因此，储层中原有的咸水可能在压力推动下泄漏至浅层地下水，提高地下水盐度，污染浅部饮用水及地表水，对野生动物栖息地造成影响，并对农业用地造成污染。

CO_2 泄漏可能导致地下水、地表水、土壤及大气中的 CO_2 浓度超标，造成环境污染，并通过环境介质对所涉及的人群、动植物、微生物等造成影响（图 3.11）。

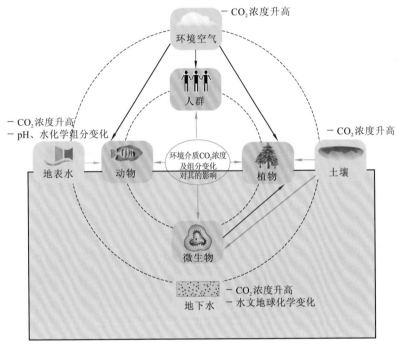

图 3.11　CO_2 泄漏对环境的影响

3.4.1　二氧化碳泄漏对大气及人体健康的影响

CO_2 的密度高于空气密度，泄漏至地表的 CO_2 会下沉，在地下室、沟谷等低洼地区或者通风不良的地区聚集。2019 年，地球大气层中 CO_2 的浓度约为 0.04%，少量的 CO_2 气体对人体无害。我国《室内空气中二氧化碳卫生标准》（GB/T 17094—1997）规定了室内空气中 CO_2 卫生标准值≤0.10%。CO_2 对人体的作用效果与浓度和暴露持续时间有关。CO_2 浓度为 1.5%，暴露时间 1 h 左右对人体没有显著影响；CO_2 浓度为 3%～5% 时，人的听力受到轻微影响，每次呼吸深度会加倍；CO_2 浓度为 5%～9% 时，人体出现精神抑郁、头痛、头晕、恶心；CO_2 浓度超过 9%，持续暴露 5～10 min，人体可能无意识、昏迷；CO_2 浓度超过 20%，人在 20～30 min 内就会死亡。CO_2 浓度升高对人体健康的影响如图 3.12 所示。

CO_2 突发性泄漏可能导致泄漏点附近空气中的 CO_2 浓度急剧增加，直接威胁泄漏点附近人畜的健康。由于 CO_2 气体比空气重，在 CO_2 发生泄漏后，泄漏的 CO_2

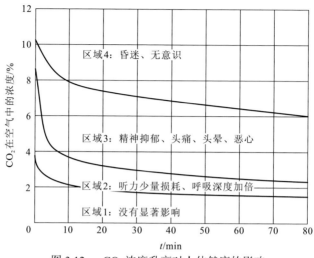

图 3.12 CO_2 浓度升高对人体健康的影响

气体会下沉，取代氧气，造成泄漏点附近的人畜窒息（吴江莉 等，2012）。1986年 8 月 21 日，喀麦隆（Cameroon）西北部火山口顶部的尼奥斯湖（Lake Nyos）释放了大量 CO_2（CO_2 释放量估计为 30 万～160 万 t），并以将近 100 km/h 的速度向周围漫延。此次 CO_2 释放事件导致约 1 700 人、超过 3 500 只家畜窒息死亡。2006 年 4 月，美国加利福尼亚州猛犸象山的三名滑雪巡逻员在试图用篱笆隔离一个火山口时，由于吸入火山口释放的高浓度 CO_2 而死亡（吴江莉 等，2012）。

与 CO_2 突发性泄漏形成对照的是 CO_2 由泄漏点低速率缓慢泄漏。CO_2 缓慢泄漏因泄漏量较低，对大气的影响短期看不明显，但封存的 CO_2 通过泄漏返回大气，导致了二次温室效应，实际上没有实现 CGUS 工程的 CO_2 减排目标，造成投资及人力物力的浪费。

3.4.2   二氧化碳泄漏对植物的影响

CO_2 对植物的影响主要有两个方面：①空气中的 CO_2 和水，在光照和叶绿素的催化作用下，通过光合作用，反应生成糖等有机物，并释放出氧气；②CO_2 泄漏至地表土壤层时，可还原性气体增加，pH 降低，造成土壤酸化，并置换土壤中的 O_2，使 O_2 浓度减少，导致植物呼吸作用受限，甚至死亡。

植物光合作用过程中，短期内大气中高浓度 CO_2 的影响因植物碳代谢机制不同而不同。CO_2 浓度的轻微提高（500～800 mg/kg）通常将刺激 C3 植物的生长，但是对 C4 和景天酸代谢（crassulacean acid metabolism，CAM）类植物的影响并不明显。

CO_2 浓度高于 800 mg/kg 时，对植物的生长会产生负面影响。短期大量 CO_2 的泄漏会对地表植物造成不可逆的伤害，甚至死亡，如图 3.13 所示。英国诺丁汉大学进行了人工土壤气体排放及响应监测（artificial soil gassing and response detection，ASGARD）实验与研究，以 1 L/min 的恒定速率向 24 个小区块供应 CO_2，观察低（季节平均土壤中 CO_2 浓度约 2%～5%）、中（5%～15%）、高（>15%）CO_2 浓度对大麦、小麦、黑麦草和苜蓿等的影响。研究发现，所有植物的生长都受到了负面影响，但程度不同。春播的大麦和油菜也显示出了生物质的下降与植株变矮，甜菜根在甜菜数量、生物量或大小上没有显著差异，但在较高浓度区，叶生物量减少了 25%。结果表明，高浓度土壤 CO_2 以不同的方式影响作物，单子叶植物比双子叶植物受到的影响更大（Patil et al.，2010）。

图 3.13　CO_2 泄漏导致圆圈处庄稼枯萎死亡（Feitz，2017）

我国伍洋（2012）通过研究发现，CO_2 入侵土壤会严重阻碍玉米的出苗率，且玉米株高、叶片数会随着通入土壤 CO_2 流通量的增加而减小。吴江莉等（2012）研究发现，绿豆、黄豆、荞麦和马铃薯四种 C3 作物的植株高度、叶片数、叶片面积、叶片厚度、根系数量和最长根系长度等植株形态指标，随着 CO_2 浓度的增大呈现先促进后抑制的趋势。

3.4.3　二氧化碳泄漏对土壤及土壤生态系统的影响

从已有研究来看，土壤对 CO_2 浓度升高的响应机制比较复杂。目前主要的观点有：①土壤中 CO_2 浓度升高，会导致土壤的物理化学特性发生显著的变化（吴

江莉 等，2012）。ASGARD 场地实验中，注入期间，所有土壤样品的钙浓度均下降，下降幅度最大的为注入点附近 CO_2 浓度最高的区域，除此之外，表层土壤的 pH 出现了 0.5 个单位的最大下降幅度。总有机碳（total organic carbon，TOC）也出现了类似的现象。②高浓度 CO_2 侵入土壤，会造成 O_2 浓度减少，还原性气体增加，pH 降低。在酸性环境与高浓度 CO_2 的作用下，部分耐酸厌氧微生物得以大量繁殖，而原有的土著微生物由于环境条件发生了改变，逐渐萎缩甚至消失，因此，CO_2 泄漏至土壤可能会改变土壤微生物的生物量和种群的多样性。此外，不同浓度的 CO_2 对农田的土壤微生物群落结构、多样性和丰富度的影响具有显著差异（李杨 等，2004）。

3.4.4　二氧化碳及咸水泄漏对地下水的影响

CO_2 进入浅部地下水后，对地下水的影响主要表现在：①激活含水层中的有机或无机化合物，与含水层进行过度的离子交换；②与水反应生成碳酸而使水质酸化，并使碳酸盐浓度增大；③淡水层中固态金属离子（如锰、铁、钙等）浓度上升；④CO_2 流体可能携带目标储层中的有害金属离子或有毒元素进入淡水含水层。⑤注入 CO_2 所含的杂质气体（如 H_2S）可能与 CO_2 一起泄漏，造成浅层地下水水质下降，并且可能促使某些重金属离子进入水体（Schnaar et al.，2009；Klusman，2003）。⑥溶解的 CO_2 若与浅层地下水层中的岩砾或砂砾发生显著反应，可能导致地下水层的岩性及力学性质发生变化（Bachu et al.，1994）。

Lewicki 等（2007）对天然高含 CO_2 地层中 CO_2 向浅层地下水泄漏的过程进行了研究（与 CO_2 封存场地的 CO_2 泄漏类似），得出结论：①不同深度的 CO_2 储层均有发生 CO_2 在某些特定点集聚并泄漏的可能；②天然高含 CO_2 地层中 CO_2 的泄漏多与某些触发因素（如地震）有关；③张开状态的断层、裂隙、废弃井筒等可作为 CO_2 向浅层泄漏的途径；④可造成人畜伤亡的大规模 CO_2 泄漏概率极低；⑤地下水化学性质的变化与 CO_2 及咸水的泄漏直接相关（Lewicki et al.，2007）。CO_2 泄漏点附近浅层地下水物化性质的变化（pH、离子浓度）可导致碳酸盐（如碳酸钙）的溶解、某些硅酸盐的溶解（如长石和层状硅酸盐），以及某些黏土矿物的沉降（如高岭石、碳钠铝石、蒙脱石等），从而改变浅层地下水层所含矿物的组分及孔隙结构（Wilkin et al.，2010）。咸水泄漏导致浅层地下水盐度显著升高，无法作为饮用水，并对浅层地下水中的生态系统构成威胁。

Little 等进行了从浅层地下水层提取的底泥样品与 CO_2 反应的实验（Little et al.，2010），发现在水溶液中通入 CO_2 后，水溶液的 pH 普遍降低了 1～2。CO_2 的注入导致底泥样品释放出 Na、K、Ca、Mg 等元素，Mn、Co、Ni、Fe 等元素的浓度增加超过两个数量级。与部分底泥样品接触的溶液中可以观察到重金属 U 和 Ba 的浓度增加。含金属矿物自身的溶解度、吸附金属离子的解吸程度、水体缓冲 pH 的能力、水体的氧化还原电位均与 CO_2 泄漏造成的影响程度有关，因此在选择合适的 CO_2 封存场地时需予以考虑。Mn、Fe、Ca 等离子和 pH 在通入 CO_2 的两周内均发生明显变化，因此可被用作判断 CO_2 是否泄漏的地质化学指标（Little et al.，2010）。美国蒙大拿州的 ZERT 试验场地进行了浅层地下水的 CO_2 注入试验，表明随着 CO_2 注入，地下水中的 pH 降低，碱度降低，有毒微量元素均有显著增加（Apps et al.，2011）。

CO_2-EWR 技术虽然可以采收咸水以利用，也可以降低 CO_2 注入后储层压力升高带来的盖储层的破坏及断层活化的风险，但也存在着 CO_2 通过抽水井泄漏的可能性。由于 CO_2 在水中的溶解量有限，大量 CO_2 在短期内会在地层中运移。当注入方式及抽注井布置存在问题时，CO_2 有可能再次通过咸水抽出井泄漏出来，进而对大气及生物圈造成不利影响。CO_2-EWR 技术采得的咸水具有高咸度，富含多种矿物离子，如 Na^+、Mg^{2+}、Br^-、Pb^{2+} 等。若在储存、运输环节发生泄漏，可能导致地表水及地下水的污染，对生物圈造成不利的影响。

第4章

二氧化碳对岩石和地下井的
化学腐蚀风险

4.1 二氧化碳对储层岩石及盖岩的腐蚀

CO_2 注入深部咸水层后，会在咸水中溶解。因溶解态 CO_2 与水结合生成碳酸 H_2CO_3，碳酸分解生成氢离子（H^+）和碳酸氢根离子 HCO_3^-，从而导致咸水的 pH 降低，HCO_3^- 浓度升高。其化学反应过程可描述如下：

$$CO_2(g) \longleftrightarrow CO_2(aq)$$

$$CO_2(aq)+H_2O \longleftrightarrow H_2CO_3(aq) \longleftrightarrow H^+ + HCO_3^-$$

长石、铁云母、绿泥石等反应活性较强的矿物在储层及盖层中普遍存在。这些矿物在 pH 较低的条件下会发生溶解，反应过程如下所示：

$$NaAlSi_3O_8（钠长石）+4H^+ + 4H_2O \longleftrightarrow Na^+ + Al^{3+} + 3H_4SiO_4(aq)$$

$$KAlSi_3O_8（钾长石）+4H^+ + 4H_2O \longleftrightarrow K^+ + Al^{3+} + 3H_4SiO_4(aq)$$

$$CaAl_2Si_2O_8（钙长石）+8H^+ \longleftrightarrow Ca^{2+} + 2Al^{3+} + 2H_4SiO_4(aq)$$

$$KFe_3AlSi_3O_{10}(OH)_2（铁云母）+10H^+ \longleftrightarrow Al^{3+} + 3Fe^{2+} + K^+ + 3H_4SiO_4(aq)$$

$$Mg_{2.964}Fe_{1.927}Al_{2.483}Ca_{0.011}Si_{2.633}O_{10}(OH)_8（绿泥石）+17.468H^+ \longleftrightarrow K^+ + 2.483Al^{3+} +$$
$$0.011Ca^{2+} + 1.712Fe^{2+} + 2.964Mg^{2+} + 2.633H_4SiO_4(aq) + 0.215Fe^{3+} + 7.468H_2O$$

$$FeCa_4Mg_3Si_8O_{24}(辉石)+16H^+(aq)+8H_2O(aq) \longleftrightarrow 4Ca^{2+}(aq) + 3Mg^{2+}(aq)$$
$$+Fe^{2+}(aq) + 8H_4SiO_4(aq)$$

$$Mg_2SiO_4(镁橄榄石)+2CO_2(aq) \longleftrightarrow 2MgCO_3(s) + SiO_2(无定形态 SiO_2)$$

CO_2 储层的岩石发生适度的溶解有利于提高储层岩石的孔隙率和渗透率，从而增加 CO_2 的存储量并改善 CO_2 的注入性。然而，若储层的岩石所含的矿物发生过量溶解，会导致储层的机械强度和抗压性降低，从而使储层在上方地层和 CO_2 注入的压力作用下遭受破坏，可能导致储层挤压变形甚至塌陷，造成 CO_2 注入性丧失，甚至诱发地震。对盖层来说，矿物溶解造成孔隙率和渗透率的升高不利于 CO_2 的封存。孔隙率和渗透率的升高使 CO_2 通过盖层微孔向上逃逸变得更容易，且矿物溶解可能导致盖层中的微裂隙间彼此连通，形成 CO_2 向上逃逸的通道。CO_2 对储层及盖层的腐蚀作用可能造成的影响如图 4.1 所示。

CO_2 储层的岩石主要可分为砂岩、碳酸岩和玄武岩（basalt）三类。文献已报道的砂岩储层多为石英含量较高，长石、绿泥石等易溶矿物含量较低的砂岩，CO_2 的腐蚀作用对其影响不明显。早期对 CO_2 腐蚀砂岩过程展开的研究多为数值模拟研究。Xu 等运用地球化学模型研究了砂岩含水层与 CO_2 的化学反应过程，发现砂岩与 CO_2 的反应会导致碳钠铝石、方解石、铁白云石、白云石、菱铁矿、菱镁矿等次生碳酸岩矿物的沉淀，从而导致岩层孔隙率及渗透率的降低（Xu et al.，2004）。Lagneau 等对 CO_2 注入北海 Bunter 砂岩储层的过程进行了数值模拟

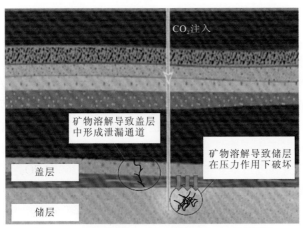

图 4.1　CO_2 腐蚀储层及盖层造成的影响示意图

（Lagneau et al.，2005），发现砂岩孔隙中出现碳酸钙沉积，导致砂岩孔隙率减少约 20%。Zerai 等对 CO_2 注入美国俄亥俄州 Rose Run 砂岩储层的过程进行了数值模拟（Zerai et al.，2006），发现砂岩孔隙中出现碳钠铝石和碳酸铁沉积，同时钠长石、钾长石、高岭石溶解，以及石英、白云母等含硅矿物沉积。以上矿物溶解和沉降过程共同作用，导致砂岩孔隙率减少 0.1%～0.2%。在实验研究方面，于志超等（2012）利用室内岩心驱替装置，模拟了地层条件下（100 ℃，24 MPa）饱和 CO_2 地层水驱过程中的水-砂岩相互作用，发现砂岩岩心中的碳酸盐矿物出现明显的溶解现象，同时有少量的高岭石和含硅中间产物生成。含硅中间产物和由碳酸盐胶结物溶解释放出的黏土颗粒一起运移至孔喉，从而堵塞孔隙，降低了砂岩岩心的渗透率。李义曼等（2013）以黄骅坳陷中部北塘凹陷新近系馆陶组砂岩热储层为例，利用高温高压反应釜实验模拟了反应时间为 10 天、温度为 100 ℃、压力为 10 MPa 的人工注入 CO_2 条件下的水-砂岩-CO_2 相互作用，发现储层中的长石类硅酸盐矿物和方解石发生了溶解作用，而水-砂岩-CO_2 反应也导致了蒙脱石、伊利石等黏土矿物含量的增加。以上矿物溶解和沉淀过程未对砂岩样品的结构造成明显影响。Soong 等（2014）从美国伊利诺伊盆地 Decatur CO_2 封存项目 Mount Simon CO_2 储层获取了砂岩样品，发现砂岩样品与高浓度 CO_2 咸水溶液反应 6 个月后，样品的平均孔隙率几乎保持不变。Zhang 等对 Mount Simon 砂岩样品与 CO_2 反应过程进行了数值模拟，结果表明 Mount Simon 砂岩发生明显孔隙率变化的区域在样品表面到样品内部 0.25 mm 的范围内，样品内部的孔隙率基本保持不变（Zhang et al.，2015）。在美国密西西比州 Plant Daniel CO_2 封存项目 Lower Tuscaloosa CO_2 储层获取的砂岩样品与高浓度 CO_2 咸水溶液反应 6 个月后，样品平均孔隙率由 26.8% 减小到 25.0%，减小幅度很低（Soong et al.，2016）。

碳酸岩所含 $CaCO_3$、$CaMg(CO_3)_2$ 等矿物具有较强的缓冲 pH 能力，向碳酸岩储层注入 CO_2 后，$CaCO_3$、$CaMg(CO_3)_2$ 等矿物的存在使孔隙水的 pH 降低量十分有限，从而减小了 CO_2 对碳酸岩储层的腐蚀作用。Lagneau 等（2005）对 CO_2 注入巴黎盆地（Paris Basin）Dogger 碳酸岩储层的过程进行了数值模拟，发现因碳酸钙溶解造成的 pH 缓冲作用，使注入的超临界 CO_2 与咸水交界处的 pH 维持在 4.8 左右，从而减小了 CO_2 对碳酸岩储层的腐蚀作用。注入 CO_2 后，储层溶解的碳酸钙量仅占储层所含碳酸钙总量的 5%，因此，储层的孔隙率仅有微小增加，不会对储层的机械强度造成影响。Luquot 和 Gouze（2009）进行了在 CO_2 地质封存条件下（温度 100 ℃，孔压 12 MPa）饱含 CO_2 咸水通过碳酸岩岩心的反应流动实验。他们发现 CO_2 与岩心反应导致的结果是岩心孔隙率和渗透率降低，而孔隙率和渗透率的降低主要是由 $(Ca, Mg)CO_3$ 的沉降引起。刘侃等（2013）以塔里木盆地巴楚地区奥陶系礁灰岩为例，在温度 40~120 ℃、CO_2 分压 8~20 MPa 条件下，对礁灰岩储层进行 CO_2 地质储存的模拟试验，观察岩样在试验前后宏观、微观的表象变化，分析其溶解度和孔隙率的变化趋势。结果表明，超临界 CO_2 对礁灰岩有一定的溶蚀作用，礁灰岩表面孔隙率增幅较大，但礁灰岩整体的孔隙率变化可忽略不计；在反应温度较高时，CO_2 对碳酸岩的腐蚀作用有增强趋势。孟繁奇等（2013）在不同温压条件下（85 ℃，5.0 MPa；135 ℃，5.7 MPa；185 ℃，8.8 MPa）进行了 3 组 CO_2-咸水-方解石的系列实验研究，重点探讨了方解石溶解现象的成因和温度对于方解石溶解程度的影响。实验前后岩样扫描电镜（scanning electron microscope，SEM）观察、反应液离子变化分析表明，实验后，3 组实验中的方解石均表现出溶蚀坑、溶蚀带和溶蚀晶锥的溶解现象。方解石的溶解度在 85 ℃时最低，185 ℃次之，135 ℃最高。实验结果表明，使方解石产生最大溶解度的温度峰值可能在 135~185 ℃。超过这一温度，温度的升高反而使方解石的溶解度下降。

与砂岩及碳酸岩不同，玄武岩含有大量的长石、辉石、橄榄石等矿物，与 CO_2 的反应活性较强。因此，高浓度 CO_2 溶液会对玄武岩产生明显的腐蚀作用。Verba 等开展了玄武岩-固井水泥复合样品与高浓度 CO_2 咸水溶液反应的实验，反应时间为 84 天。SEM 分析表明，在反应 84 天后，CO_2 已从不同方位侵入到玄武岩内部，使玄武岩内部多处形态发生显著变化（Verba et al.，2014）。当 CO_2 中混有杂质气体（如 SO_2、O_2）时，混合气体对玄武岩的腐蚀作用会增强，同时各类含硫矿物会发生沉降。Schaef 等（2014）发现，玄武岩样品与含杂质的 CO_2（含 1% 质量分数的 SO_2 及 1% 质量分数的 O_2）+蒸馏水混合溶液反应 98 天后，玄武岩表面出现明显的腐蚀痕迹，并发现大量 $CaSO_4$ 沉降。沉积的 $CaSO_4$ 颗粒为其他次生矿物的沉降提供了凝结核，促进了黄钾铁矾 $[KFe_3(SO_4)_2(OH)_6]$、钠铁矾 $[NaFe_3(SO_4)_2(OH)_6]$、钠明矾石[$NaAl_3(SO_4)_2(OH)_6$]、含水硫酸镁 [$MgSO_4 \cdot H_2O$]、含水碱式硫酸铁 [$Fe(OH)SO_4 \cdot 2H_2O$]等含硫矿物在 $CaSO_4$ 表面的沉降。腐蚀作用和次生矿物的沉降过程使玄武岩样品表面变得粗糙不平，反应区较反应前更易从表面剥离，降低了玄武岩样品的机械强度。因此，若 CO_2 的目标储层是玄武岩，需要对玄武岩与 CO_2 的反应过程进行试验及数值模拟研究，确保 CO_2 对玄武岩的腐蚀作用有限且可控，从而保证工程的安全。

综上所述，在 CO_2 对储层岩石及盖层的腐蚀这一研究领域，前人已进行了充分研究，获得了大量的实验及数值模拟结果，发现砂岩、碳酸岩、玄武岩三大类岩石在 CO_2 作用下的腐蚀程度存在明显差异。玄武岩与 CO_2 的反应活性最高，故玄武岩与高浓度 CO_2 溶液反应后的受腐蚀程度也最高。砂岩和碳酸岩受 CO_2 腐蚀程度普遍较低，目前未见腐蚀后孔隙急剧增大或机械强度明显降低的报道。郭会荣等指出，前人的工作主要是观测及模拟岩石中各种矿物在 pH、温度、压力影响下的反应动力学过程，关心反应前后岩石孔隙率及渗透率的变化。然而，前人的工作没有对 CO_2-水两相流体流动过程中 CO_2 非平衡、不一致溶解对矿物反应动力学过程的影响进行系统的研究（郭会荣 等，2014）。在 CO_2 地质封存条件下，毛细力、重力、黏滞力分别起主导作用时，咸水的流动体制和注入 CO_2 空间上的分布模式均不相同，进而影响 CO_2 对储层及盖层的腐蚀过程（郭会荣 等，2014）。因此，CO_2 对储层及盖层的腐蚀这一领域的下一步研究重点，应放在毛细力、重力、黏滞力分别占优势的不同流动条件下 CO_2 非平衡不一致溶解、迁移与反应行为规律的研究上。

4.2　二氧化碳对地下井的腐蚀

4.2.1　二氧化碳对固井水泥石的腐蚀

1. 固井水泥石的化学组成

为理解高浓度 CO_2 腐蚀固井水泥石的机理，需要对固井水泥石的化学组成有深入的了解。波特兰水泥（Portland cement）是石油及天然气行业使用最广泛的固井水泥。未水化之前，波特兰水泥的主要组分有四种：三钙化硅酸盐 (Ca_3SiO_5)、二钙化硅酸盐(Ca_2SiO_4)、铝酸三钙($Ca_3Al_2O_6$)、铁铝酸四钙($Ca_4Al_2Fe_2O_{10}$)（Nelson，1990）。在波特兰水泥与水接触发生水化反应后，三钙化硅酸盐和二钙化硅酸盐会与水反应生成无定形态的钙-硅水合胶结物（简写为 C-S-H）及氢氧化钙[$Ca(OH)_2$]。

53

C-S-H 约占水化水泥质量的 70%，是胶结水泥中各组分、维持固井水泥强度和密封性的关键。$Ca(OH)_2$ 约占水化水泥质量的 15%～20%（Neville，1996；Nelson，1990）。铝酸三钙和铁铝酸四钙与水接触后，会发生水化反应并生成含 Ca 和 Al 的水化物，如 $(CaO)_4 \cdot Al_2O_3 \cdot (H_2O)_{13}$、钙矾石 $[Ca_6CAl(OH)_6]_2 \cdot (SO_4)_3 \cdot 26H_2O$、单硫型硫铝酸钙 $Ca_4Al_2(OH)_{12}SO_4 \cdot 12H_2O$ 和氢氧化铁 $Fe(OH)_3$ 等（Zhang et al.，2011；Taylor，1997）。图 4.2 展示了波特兰水泥水化后的 SEM 扫描结果，可以清楚地辨认出 C-S-H、$Ca(OH)_2$ 和未发生水化的水泥颗粒。

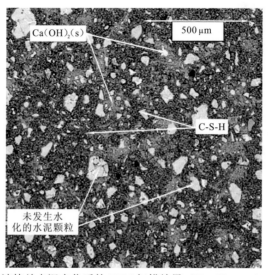

图 4.2　波特兰水泥水化后的 SEM 扫描结果（Kutchko et al.，2007）

2. CO_2 及杂质气体导致固井水泥石腐蚀的机理

CO_2 与固井水泥石反应后，水泥石的宏观及微观形态均发生了变化。从宏观上看，水泥石的外观发生明显变化，表面由灰色变为红褐色。这是由于水泥石表面的水化产物[如 $Ca(OH)_2$、C-S-H 等]被 CO_2 腐蚀后，水化产物发生溶解，Ca^{2+} 淋滤脱出水泥石表面，使含铁类水化产物的颜色得以显现（图 4.3）。

图 4.3　固井水泥石与 CO_2 反应后表面由灰色变为红褐色

从微观形态上看，CO_2 与固井水泥石反应后，固井水泥石靠近表面处会形成一个致密层，该致密层的主要组分是 CO_2 与固井水泥石反应后生成的产物 $CaCO_3$。致密层与相邻水泥之间有时会产生裂隙，可能是致密层与相邻水泥化学组分的差异，导致致密层与相邻水泥的联结力变弱，在外力作用下容易分离并产生裂隙（图 4.4）。

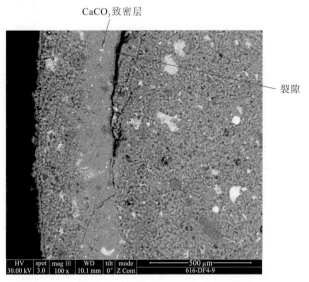

图 4.4　高浓度 CO_2 溶液腐蚀作用后固井水泥样品的 SEM 背散射电子成像图

图中可见 $CaCO_3$ 致密层和紧邻致密层的裂隙

基于前人的实验和数值模拟结果（郭小阳等，2017；Carroll et al.，2016；Zhang et al.，2013a；Kutchko et al.，2007；Duguid et al.，2005），可以归纳出 CO_2 导致固井水泥石腐蚀的四步反应机理。

第一步：CO_2 溶解在水溶液中，导致水溶液 pH 降低。据文献（Kutchko et al.，2007）报道，在温度为 50℃ 和 CO_2 分压为 30.3 MPa 的条件下，在 CO_2 与水溶液达到溶解平衡后，溶液的 pH 可降至 2.9。

第二步：低 pH 水溶液中的 H^+ 与水泥水化产物 [$Ca(OH)_2$，C-S-H 等] 作用，导致水泥水化产物的溶解，在水泥表面形成一个高孔隙率的水泥溶解层。因 $Ca(OH)_2$ 的反应活性较强，$Ca(OH)_2$ 的溶解速率会快于 C-S-H 的溶解速率。

第三步：水泥水化产物溶解释放出 Ca^{2+}，Ca^{2+} 与溶液中 CO_3^{2-} 作用生成 $CaCO_3$。$CaCO_3$ 沉积在水泥溶解层外表面，形成 $CaCO_3$ 沉积层。

第四步：在 H^+ 的作用下，$CaCO_3$ 沉积层表面发生溶解，形成孔隙率高、质地不均匀的 $CaCO_3$ 溶解层。

在 SEM 下可见，CO_2 腐蚀固井水泥石后，会导致水泥外表面不同形态和不同化学组分的反应层的生成（图 4.5）。

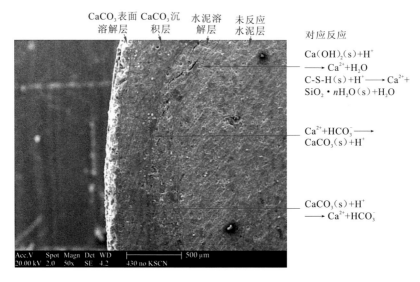

图 4.5　高浓度 CO_2 溶液腐蚀作用后固井水泥样品的 SEM 二次电子成像图

图中可见 4 个反应层的形成

注入储层的 CO_2 通常含有杂质气体，其中较为典型的杂质气体是 H_2S。目前全球已发现超过 400 个具工业价值的高含 H_2S 和 CO_2 气田，在我国，富含 H_2S 和 CO_2 的酸性气藏约占天然气总储量的 67.9%，主要分布在四川盆地、塔里木盆地、鄂尔多斯盆地等地（郭小阳 等，2017）。这些天然气田开采的天然气中含有大量的 CO_2 和 H_2S，需把 CO_2 和 H_2S 与天然气分离，分离后的 CO_2 与 H_2S 混合气体需要处置。在加拿大，常用的处置手段是将 CO_2 与 H_2S 混合气体注入枯竭的油气田封存（Bachu et al.，2005，2004）。截至 2009 年，在加拿大艾伯塔地区向地下注入 CO_2 与 H_2S 混合气体的注入井已超过 40 口（Bachu et al.，2009）。燃煤电厂的燃烧前 CO_2 捕集工艺（integrated gasification combined cycle，IGCC）也会使捕获的 CO_2 中混入 H_2S 气体（Kutchko et al.，2011）。另外，CO_2 储层孔隙水中本身可能含有 H_2S。CO_2 注入储层后，降低了孔隙水的 pH，会导致 H_2S 的腐蚀性增强。因此，研究 H_2S 导致固井水泥石腐蚀的机理十分必要。

H_2S 主要与水泥中的含铁水化物发生作用，最终反应产物是黄铁矿（FeS_2）和钙矾石（$Ca_6[Al(OH)_6]_2 \cdot (SO_4)_3 \cdot 26H_2O$）。基于前人的实验和数值模拟结果（Zhang et al.，2013b；Kutchko et al.，2011；Cheng et al.，2011；Rickard et al.，1997），其反应过程可概括为以下四步。

第一步：H_2S 气体溶解于水生成 HS^-，HS^- 与含铁水化物［化学式可简化为 $Fe(OH)_3(am)$］反应生成 SO_4^{2-}：

$$8Fe(OH)_3(am)+HS^- \longleftrightarrow 8Fe^{2+}+ SO_4^{2-} + 5H_2O + 15OH^-$$

第二步：含铁水化物被 H_2S 还原后释放出的 Fe^{2+} 与 HS^- 作用，生成中间产物 $FeS(am)$：

$$Fe^{2+} + HS^- \longleftrightarrow FeS(am) + H^+$$

第三步：中间产物 $FeS(am)$ 与 H_2S 作用，生成黄铁矿 $[FeS_2(s)]$：

$$FeS(am) + H_2S \longleftrightarrow FeS_2(s) + H_2$$

第四步：第一步中生成的 SO_4^{2-} 向水泥内部迁移，因水泥内部 pH 较高，SO_4^{2-} 可与 OH^- 及 Ca^{2+}、Al^{3+} 发生反应，生成钙矾石（$Ca_6[Al(OH)_6]_2 \cdot (SO_4)_2 \cdot 26H_2O$）：

$$6Ca^{2+} + 2Al(OH)_4^- + 4OH^- + 3SO_4^{2-} + 26H_2O \longleftrightarrow Ca_6[Al(OH)_6]_2 \cdot (SO_4)_2 \cdot 26H_2O(s)$$

与 CO_2 同固井水泥石反应后生成的红褐色反应层不同，H_2S 与固井水泥反应后会在水泥表面形成清晰可见的黑色反应层（图 4.6）。因黄铁矿在水泥表面大量生成，使该反应层呈黑色。在扫描电镜下，可清晰分辨出 H_2S 与固井水泥反应后的主要反应产物——黄铁矿及钙矾石。黄铁矿在电镜下呈现明亮的颗粒状形态，而钙矾石则呈现棍状形态（图 4.7）。

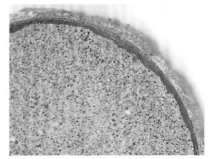

（a）与 H_2S 反应前　　　　　　　（b）与 H_2S 反应后

图 4.6　H_2S 与固井水泥石反应后表面形成黑色反应层

4.2.2　二氧化碳对钢套管的腐蚀

CO_2 在溶于水后会生成碳酸，而碳酸电离会产生 H^+，从而对钢套管产生腐蚀作用，其实质是套管金属在碳酸中发生的电化学腐蚀。尽管碳酸是一种弱酸，但在相同的 pH 条件下，碳酸对钢铁的腐蚀比盐酸还要严重（王香增，2017）。因此，在 CGUS 环境下，对钢套管采取防护措施，减少碳酸对钢铁的腐蚀程度十分必要。

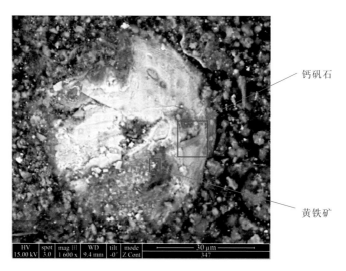

图 4.7　H_2S 与固井水泥反应后主要反应产物（黄铁矿及钙矾石）

在 SEM 下的形态（Zhang et al.，2013a）

因套管金属在碳酸中发生的腐蚀属于电化学反应，反应分为阳极反应和阴极反应。阳极端为金属发生溶解并释放出电子的位置，其反应机理和总阳极反应可简写如下（Schmitt et al.，1983）。

反应机理：

$$Fe + OH^- \longrightarrow FeOH_{ad} + e$$
$$FeOH_{ad} \longrightarrow FeOH_{ad}^+ + e$$
$$FeOH_{ad}^+ \longrightarrow Fe^{2+} + OH^-$$

总阳极反应：

$$Fe \longrightarrow Fe^{2+} + 2e$$

生成的 Fe^{2+} 在氧化性环境下会与氧气（O_2）发生反应，使 Fe^{2+} 的浓度降低，促进总阳极反应的进行：

$$4Fe^{2+} + O_2 + 4H^+ \longrightarrow 4Fe^{3+} + 2H_2O$$

生成的 Fe^{2+} 也会直接与 HCO_3^- 发生反应，生成不溶于水的 $FeCO_3$（Carey et al.，2010）：

$$Fe^{2+} + HCO_3^- \longrightarrow FeCO_3(s) + H^+$$

阴极端为电子受体接受电子的位置，学术界普遍认为，阴极端的主要反应是未离解的碳酸直接还原（王香增，2017）：

$$H_2CO_3 + e \longrightarrow H + HCO_3^-$$

在低 CO_2 分压和高 pH 的条件下，HCO_3^- 和 H_2O 作为电子受体成为主要的阴极反应：

$$2HCO_3^- + 2e \longrightarrow 2CO_3^{2-} + H_2$$

$$2H_2O + 2e \longrightarrow 2OH^- + H_2$$

钢套管与 CO_2 反应的产物 $FeCO_3$ 沉积在套管表面，对延缓套管的进一步腐蚀有一定的作用（图 4.8）。$FeCO_3$ 沉积层是否能够有效延缓套管腐蚀，取决于 $FeCO_3$ 沉积晶粒的大小。若沉积的 $FeCO_3$ 晶粒较为粗大，则 $FeCO_3$ 沉积层的孔隙率和渗透率都较大，使腐蚀性 H_2CO_3 溶液能够轻易透过，从而不能有效防止腐蚀。若沉积颗粒较为细小，则生成的 $FeCO_3$ 沉积层较为致密，孔隙率和渗透率都较低，因而能有效地防止钢套管的进一步腐蚀（王香增，2017）。

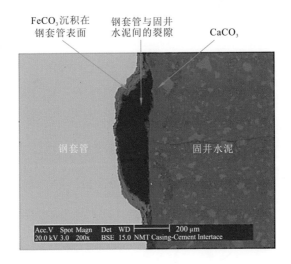

图 4.8　钢套管与 CO_2 反应后钢套管表面 $FeCO_3$ 的沉积（Carey et al.，2010）

CO_2 对钢套管的腐蚀主要有均匀腐蚀和局部腐蚀两种类型（王香增，2017）。形成均匀腐蚀时，套管与 CO_2 接触部分全部或大部分面积上均匀地受到破坏；形成局部腐蚀时，金属材料表面某些局部发生严重腐蚀，而其他部分的腐蚀程度较小。这种腐蚀是由于电化学的不均一性，形成局部电池而引起的。因局部腐蚀可导致金属结构的不紧密或穿孔现象，故其危险性较均匀腐蚀大。

CO_2 对钢套管的腐蚀具有很大危害性，可使 CO_2 注入井管柱的寿命大大低于设计寿命，可能引起钢套管穿孔或管柱掉井等事故，导致注入井停注、井下工具失效等生产问题（王香增，2017）。若 CGUS 场地存在废弃井、监测井等与 CO_2 储层交会的井，CO_2 对这些井钢套管的腐蚀可能导致钢套管-固井水泥胶结的破坏，使注入的 CO_2 和储层咸水通过腐蚀造成的泄漏途径向浅层地下水泄漏，造成水资源污染和生态环境的破坏。

4.2.3　二氧化碳腐蚀对井筒渗透率及水泥石机械强度的影响

1. CO_2 腐蚀对井筒渗透率的影响

在无流体流动，水泥表面直接与高浓度 CO_2 溶液接触的条件下，高孔隙率的 $CaCO_3$ 表面溶解层的形成会导致竖直方向上固井水泥渗透性显著升高。但因致密的 $CaCO_3$ 沉积层的形成，在水平方向上固井水泥渗透性较反应前有明显降低。Zhang 等（2013b）的数值模拟结果表明，在与高浓度 CO_2 溶液反应 1 年后，垂直方向上固井水泥渗透性较反应前增加了 4 个数量级，但在水平方向上，因致密 $CaCO_3$ 沉积层的形成，水泥渗透性呈降低趋势，反应 1 年后较原值降低了 40%（图 4.9）。

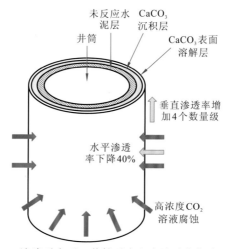

图 4.9　与高浓度 CO_2 溶液反应后，井筒垂直方向渗透率与水平方向渗透率的变化

对于井筒-盖层岩石体系，井筒竖直方向的渗透率是否能达到 4 个数量级的增长，主要取决于盖层岩石-固井水泥界面处水泥与盖层岩石的胶结程度。若固井水泥-盖层岩石界面胶结良好，则高浓度 CO_2 溶液无法通过界面向上运移，从而使与盖层岩石同深度及往上的水泥表面不与高浓度 CO_2 溶液直接接触，水泥表面腐蚀区向上推移受限，因此，整个井筒的渗透性变化程度不大。若盖层岩石-固井水泥界面胶结程度较差，则高浓度 CO_2 溶液可通过界面向上运移，使与盖层岩石同深度及往上的固井水泥表面受到腐蚀，从而开辟了高浓度 CO_2 溶液通过井筒向上运移的通道，使井筒的渗透性明显增大（图 4.10）。综上所述，井筒与高浓度 CO_2 溶液接触后，井筒的渗透率是否会显著增大，主要取决于固井水泥与盖层岩石的胶结程度。

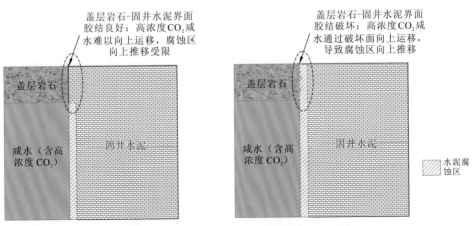

图 4.10　盖层岩石-固井水泥界面胶结程度影响水泥腐蚀区扩散示意图

因固井水泥-盖层岩石界面是 CO_2 及咸水泄漏的重要通道，Newell 和 Carey（2013）对 CO_2 及咸水通过固井水泥-盖层岩石界面泄漏的可能性进行了研究。研究结果表明，当 CO_2 和咸水的混合液通过固井水泥-盖层岩石界面，与固井水泥及盖层岩石发生反应 5 天后，固井水泥及盖层岩石在进水口处被明显腐蚀，但在出水口处未见腐蚀；界面处观察到大量碳酸盐矿物沉积，使固井水泥-盖层岩石界面的渗透率由反应前的 170 mD 降低到反应后的 40 mD。Carey 等（2010）也对 CO_2 及咸水通过固井水泥-钢套管界面泄漏的可能性进行了研究。研究结果表明，当 CO_2 和咸水的混合液通过固井水泥-钢套管界面，与固井水泥及钢套管发生反应 16 天后，固井水泥-钢套管界面出现明显 $FeCO_3$ 和 $CaCO_3$ 沉积，同时也发生固井水泥和钢套管的溶解；固井水泥-钢套管界面的渗透率由反应前的 0.50D 增加到反应后的 1.33D。Gheradhi 等（2012）通过大尺度数值模型研究了在实际 CO_2 封存条件下，固井水泥-盖层岩石界面在长时间与高浓度 CO_2 溶液接触后矿物组成与渗透率的变化。研究结果表明，反应 38 年后，固井水泥-盖层岩石界面发生水化硅酸钙及水化钙铝黄长石的溶解，并观察到 $CaCO_3$、钙十字石、镁伊利石及 $Fe(OH)_3$ 的沉积。水泥表面孔隙率呈现先减小后增长的趋势，但增长幅度不大（反应 750 年后水泥表面孔隙率增长幅度仅为 10%）。因此，界面处渗透率的增长幅度也很小，与实验室观测（Kutchko et al.，2007；Duguid et al.，2005）及模拟实验室条件的数值模型预测结果（Zhang et al.，2013b）有较大差异。造成这种差异的原因是，实验室模拟的是不考虑实际地层 pH 缓冲作用的极端条件，pH 为 2～4。在这种 pH 条件下，水泥表面 $CaCO_3$ 层的溶解幅度非常大，从而使水泥表面孔隙率的增长幅度也很大。而在 Gheradi 等（2012）的大尺度数值模型中，因模型考虑了地层中矿物溶解对 pH 的缓冲作用，pH 在 5 以上。在这种 pH 条件下，水泥

表面 $CaCO_3$ 层的溶解幅度大大减小，从而使水泥表面孔隙率的增长幅度也很小。值得注意的是，固井水泥与井壁围岩接触界面的化学反应活性对井筒渗透率的演化也起到至关重要的作用。在相同浓度的 CO_2 溶液作用下，固井水泥与反应活性较强的岩石（如大理岩）接触的界面发生破坏的可能性大大高于与反应活性较弱的岩石（如砂岩）接触的情况（图4.11）（Verba et al.，2014）。

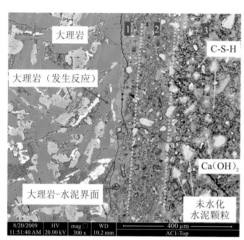
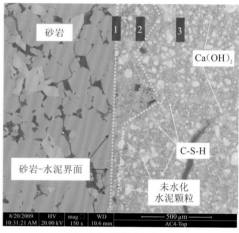

（a）大理岩-固井水泥界面　　　　　　　　（b）砂岩-固井水泥界面

图 4.11　大理岩-固井水泥界面与砂岩-固井水泥界面被高浓度 CO_2
溶液腐蚀后的形态变化（Verba et al.，2014）

图中可见，大理岩-固井水泥界面发生明显破坏，而砂岩-固井水泥界面无明显破坏

当固井水泥内部存在裂隙时，CO_2 及咸水也可能通过固井水泥内部的裂隙泄漏。Cao 等（2013）研究发现，当饱含 CO_2 的咸水通过水泥内部裂隙并反应8天后，水泥内部裂隙发生明显扩展，裂隙体积增加了60%。然而，Cao 等（2015）进行的另一项研究发现，当咸水中 CO_2 浓度和咸水注入速率增大时，水泥内部裂隙没有发生扩展，其宽度反而减小，主要是因为 $CaCO_3$ 在裂隙中的大量沉积。为解释不同试验结果的差异性，Brunet 等（2016）提出了水力停留时间理论，认为当水力停留时间较长时，Ca^{2+} 与 HCO_3^- 的反应较为充分，$CaCO_3$ 得以充分沉降并不易被水流冲洗掉，从而使裂隙宽度降低，渗透率下降。当水力停留时间较短时，$CaCO_3$ 沉降不充分且沉降的 $CaCO_3$ 易被水流冲刷掉，从而使裂隙宽度增加，渗透率上升。

2. CO_2 腐蚀对水泥石机械强度的影响

前人研究结果表明，水泥石遭受 CO_2 腐蚀后，整体机械强度呈下降趋势。

张景富等（2007）指出，CO_2 对水泥产生腐蚀作用的本质在于 CO_2 与水泥的水化产物作用后会生成具有不同晶体结构的 $CaCO_3$，破坏了水泥石的原有结构，导致水泥石在腐蚀后抗压强度下降。郭小阳等（2017）对不同 CO_2 分压下与 CO_2 反应的固井水泥样品的抗压强度变化进行了分析，发现 CO_2 腐蚀后的水泥石抗压强度出现了降低，且随着 CO_2 分压的增加，抗压强度下降幅度增大。具体数据见表 4.1 和表 4.2。

表 4.1　CO_2 腐蚀实验条件（郭小阳 等，2017）

样品序号	CO_2 分压/MPa	总压/MPa	温度/℃	腐蚀时间/天
1	1	10	90	7
2	3	10	90	7

表 4.2　CO_2 腐蚀后抗压强度变化（郭小阳 等，2017）

样品序号	抗压强度/MPa	抗压强度衰减率/%	腐蚀区深度/mm
1 腐蚀前	16.4	12.8	无
1 腐蚀后	14.3		2
2 腐蚀前	16.1	15.5	无
2 腐蚀后	13.6		4

Jacquemet 等（2008）指出，H_2S 向水泥内部的渗透能力要大大强于 CO_2。因此，当 CO_2 中混有高浓度 H_2S 时，H_2S 极易迅速侵入水泥石内部，造成水泥石内部水化物的大量溶解，导致水泥石结构的破坏和机械强度的丧失。Kutchko 等（2015）发现，固井水泥石在 50 ℃和 15 MPa 压力下与 100%纯度的 H_2S 反应 28 天后，大量 H_2S 侵入水泥石内部，导致整个水泥石发生破碎，水泥石表面呈易剥离的黑色粉末状，其结构发生根本性破坏。郭小阳等经研究发现，H_2S 腐蚀后水泥石的抗压强度出现明显降低，随着 H_2S 分压的增大，抗压强度下降愈加明显。与 CO_2 腐蚀结果比较可知，H_2S 对水泥石具有更强的腐蚀性（郭小阳 等，2017）。具体数据见表 4.3 和表 4.4。

表 4.3　H_2S 腐蚀实验条件（郭小阳 等，2017）

样品序号	H_2S 分压/MPa	总压/MPa	温度 / ℃	腐蚀时间/天
1	3	10	90	7
2	6	10	90	7

*表 4.4**S 腐蚀后抗压强度变化**（郭小阳 等，2017）

样品序号	抗压强度/MPa	抗压强度衰减率/%	腐蚀区深度/mm
1 腐蚀前	15.5		无
1 腐蚀后	10.2	34	7
2 腐蚀前	16.1		无
2 腐蚀后	9.7	40	10

二氧化碳地质利用与封存的风险监测与防控

5.1 二氧化碳利用与封存场地的监测系统设计

为提高对 CGUS 的理解水平，确认其减排效果，评估 CGUS 对环境、安全和健康的影响，并处理与其相关的一些能源经济和法律问题，需要在 CGUS 项目开展的同时，进行可持续的有针对性的环境监测。CO_2 地质封存环境监测的总体目标是通过环境监测数据证明，CO_2 地质封存不会对环境产生显著负面影响，并且是行之有效的温室气体排放控制手段，从而增加决策者、监管者及公众对 CGUS 技术的信心。因此，环境监测是 CO_2 地质封存监测系统中的核心部分之一。在捕集环节，可以通过安装烟气连续监测系统，连续监测环境风险物质的泄漏与排放，达到监测的目的。在运输环节，可以针对管道一定范围内的地下水、土壤等环境介质制定相应的环境监测计划，利用声学监测、气体取样、土壤监测、流体监测和以动态模型为基础的数值模拟计算等监测方法进行泄漏监测。而在封存环节，由于地质行为的复杂性，涉及大量的监测指标和技术，封存环节可以进一步细分为注入前、注入中、注入后和闭场四个阶段：在注入前阶段，需根据项目设计相关要求，建立需要获取的监测参数背景值列表，获得地质特征参数并确定主要的环境风险，进行相应的背景值监测工作；注入中阶段的监测即常规监测，监测的目的是确保无泄漏事件发生，并获取 CO_2 羽状流的运移路径；注入后阶段即 CO_2 停止注入并将井口堵塞后，此时各类仪器和设备已从场地中移除，场址修复已基本完成，只保留必要的监测设备，此阶段的监测目的是需要确保停止注入后，场地范围内没有泄漏事故发生；闭场阶段的持续监测则是用来证明封存项目如预期执行，在未来发生泄漏的可能性非常小，停止进一步的监测是安全的。一旦场址被证实是稳定的，就不再需要进行监测，除非一些突发的泄漏事件、法律纠纷等原因导致需要封存项目的新信息。典型的 CO_2 地质封存示范工程监测流程图如图 5.1 所示。

封存阶段的环境监测要素涵盖了大气、水体、地表变形、土壤气、植被生态及 CO_2 运移等方面，涉及的环境受体有大气、水（地表水、地下水）、土壤、人群、动植物和微生物。其中环境监测的直接指标主要集中在地下水、土壤、大气 CO_2 监测领域。环境监测的间接指标主要集中在生态系统、地面变形及诱发地震监测等领域。CO_2 地质封存的监测系统涵盖范围如图 5.2 所示。

（1）地下水环境监测：监测井点主要布设在 CGUS 场地及其周围的环境敏感点、可能存在的水体污染源、对于确定边界条件有控制意义的地点，主要监测地下水水质的动态变化，以判断 CO_2 是否发生泄漏及 CO_2 泄漏对地下水的污染程度。

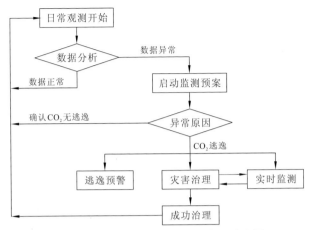

图 5.1　CO_2 地质封存示范工程监测流程图

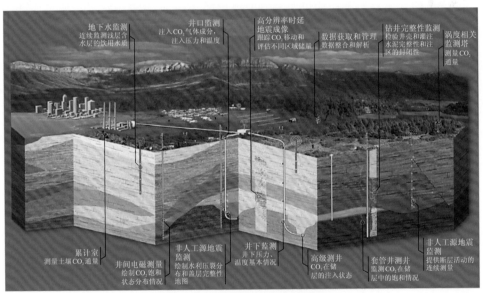

图 5.2　CO_2 地质封存的监测系统

（2）土壤监测：对地下土壤的监测，主要是监测土壤 pH 随时间的变化，以判断 CO_2 是否发生泄漏及 CO_2 泄漏对地下土壤的污染程度。

（3）土壤 CO_2 通量监测：在一天中最能代表日平均值的时间段，使用便携式 CO_2 土壤呼吸测量系统测量 CO_2 通量，每一测点应重复测量 3 次，以算术平均值作为该点监测值，同时根据不同的监测阶段和监测区域采用相对应的监测周期。以土壤中 CO_2 通量的变化作为判断 CO_2 是否泄漏到土壤中的依据。

（4）大气 CO_2 浓度监测：可采用遥感技术，通过卫星获取特定谱段的红外影像数据，远程探测 CO_2 发生泄漏的可能性；还可以利用光谱差异识别长势异常的植被，从而判断 CO_2 泄漏的可能地点。遥感技术的优势是，数据覆盖宏观全面，而且可以快速周期性地获得数据。若采用常规布点法监测大气中 CO_2 的浓度，则监测点应主要布设在建设项目场地、周围环境敏感点（包括封井口）附近，以及场地附近地势最低处和常年主导风向的下风处等。在 CO_2 开始注入前，应实施 CO_2 背景值监测，1 个月至少监测 3 次。CO_2 开始注入后，至少应保证每个月监测 1 次，若 CO_2 浓度在两次监测间隔发生显著变化，则应提高监测频次。

（5）地表形变监测：利用差分干涉测量、InSAR 等遥感技术进行因 CO_2 注入导致的地表形变的测量。需在 CO_2 注入前开展地表形变背景值监测（通常背景值需进行最少 4 次监测），并综合各方面因素（季节、空间基线、时间基线等），与 CO_2 注入后的地表形变监测数据进行对比，判定 CO_2 注入后是否发生显著的地表形变。

（6）CO_2 运移监测：通过监测井监测分析 CO_2 扩散逃逸状况，通过地球物理方法（地震、重力、电磁等）确定储层、盖层、钻孔、近地表地层中 CO_2 前缘的时空分布和存储量，并通过地震反演、测井等手段估算 CO_2 饱和度数值，以掌握 CO_2 地质封存后的运移情况。在众多监测方法中，优先选择地震监测和监测井监测。

自从 1972 年第一个大规模 CGUS 项目——Val Verde 天然气电厂 EOR 项目在美国开始运行至今，CGUS 示范工程已经走过了 40 多年的历史。环境监测作为确保 CGUS 项目安全可靠运行的重要手段，得到了各个国家的高度重视。加拿大、日本、美国、澳大利亚等国家及欧盟都制定了相关法规，对 CGUS 项目需配套的环境监测做出了相应的规定。具体说来，欧盟制订的《碳捕获与封存指令》、美国的《CO_2 地质封存井的地下灌注控制联邦法案》、英国的《CO_2 封存管理 2010》、澳大利亚的《CO_2 地质封存的环境指南》、日本的《海洋污染防治法》等，都包含了 CO_2 封存监测的规定或指令。国外 CO_2 地质封存环境监测相关的主要报告、指南见表 5.1。

表 5.1　国外 CO_2 地质封存环境监测相关的主要报告、指南

国家/组织/机构	名　称	相关内容
康菲石油公司	《CO_2 封存技术基础》	CO_2 封存监测方案：工作指南及案例研究
挪威船级社	《CO_2 地质封存场址和项目选择与资格指南》	监测、验证、核算和报告工作的目标、大纲及合理的工作流程建议
USCSC	《全球 CO_2 地质封存技术开发现状》	监测技术开发现状与成本、实地项目应用结果

国家/组织/机构	名　称	相关内容
DTI	《CO_2 地质封存监测技术》	1. 地质封存监测建议监管框架 2. 监测技术介绍，应用、性能、检出限和局限性 3. 监测成本 4. 项目监测实践 5. 海上监测实践总结 6. 陆上监测部署 7. 英国研究现状及未来研究与开发
NETL	《最佳实践：CO_2 深部地层储存的监测、验证和核算》	1. 监测的重要性、目标和目的及监测活动 2. 监测技术介绍，描述、效益和挑战 3. 美国能源部支持的相关监测技术开发 4. 监测目标和目的的解决 5. 不同情景大型试点的监测、验证和核算开发

　　目前 CGUS 示范工程可采用的监测技术包含了以水、土壤、大气、地层等为监测对象的几十种监测技术。一些直接针对 CO_2 地质封存监测工作的研究[如美国能源部国家能源技术实验室（Nation Energy Technology Laboratory，NETL）出版的《最佳实践：CO_2 深层储存的监测、验证和核算》报告、英国贸易与工业部（Department of Trade and Indusrty，DTI）的《CO_2 地质封存监测技术》报告等]，对既有工程项目的监测实践进行了总结，根据不同的情景提出了有针对性的监测部署方案，并对监测技术的性能、应用范围、成本、局限性等进行了总结，为监测技术的选择和应用提供了参考依据。美国碳封存委员会（United States Carbon Sequestration Council，USCSC）在《全球 CO_2 地质封存技术开发现状》报告中深入讨论了监测技术开发现状与成本、监测技术具体项目应用实例、监测技术服役可靠性等。BGS 开发了一种较为实用的监测技术选择工具（monitoring selection tool，MST），帮助用户设计 CO_2 地质封存从场地特征描述到 CO_2 注入结束封场后的整个周期的监测方案。MST 囊括了 40 种监测技术，每种技术都包括了插图和适用性的完整描述，有一些技术还包含了技术应用案例研究的细节及相关参考文献的引用。除作为一种监测草案设计的帮助工具外，它还是监测技术的一个丰富的参考源。MST 的目标是基于用户定义的项目情景来选择监测技术，并计算单项技术在整个技术体系中所占的比重，以确定项目开发过程中给定阶段需要进行评估的最合适的监测技术。MST 具有足够的灵活性，可以帮助不同封存情景和条件设计监测草案。

Weyburn、Otway、In Salah、Sleipner、Gorgon 等大量的 CGUS 实践案例为环境监测的工作提供了实测数据。水化学组分、地震勘探、重力调查等监测数据被详细解读,用于 CO_2 羽流运移的追踪和封存安全性的评估,同时也进一步证明了监测技术的有效性。

对监测对象和技术的选取,应基于灵敏、有效、经济和可操作性四大原则,并请不同领域的专家在对场址资料及监测技术充分了解的基础上进行慎重选择,以最大限度地避免监测对象缺失及误判等。监测范围的确定,则应充分考虑场区及周边的 CO_2 排放源、气象、地质特征及 CO_2 羽可能的分布范围等条件,根据监测项目和监测类别的差异确定不同的监测范围。在制定监测计划时,应该遵循以下工作路线。

(1)资料收集:资料收集力求翔实全面,原则上应包括地质构造、水文地质条件及地面设施、自然地理情况、人口分布、交通状况、周边 CO_2 源调查等。

(2)利用已收集的资料,构建 CO_2 储层与盖层的地质模型,利用数值模拟手段获得 CO_2 羽在储层中分布的初始预测,并分析 CO_2 可能存在的泄漏途径。

(3)分析 CO_2 泄漏对周边环境(含水、大气、土壤、植被生态等环境要素)可能造成的影响,基于造成影响的类型和严重程度确定符合需要的监测对象和监测技术。

(4)根据第(2)步得到的数值模拟结果,结合场地的 CO_2 排放源、地面设施、气象、道路交通等条件,针对不同的监测技术设计合理的监测范围、监测间隔与监测点位。

5.2 主要监测指标

除国家层面出台相关的环境监测法规以外,一些开展 CO_2 地质封存研究和咨询的相关机构考虑到监测工作在 CGUS 项目实施中的重要性,也将监测工作单独列出,提出了工作目标、通常应包括的主要监测指标及合理的监测工作流程建议。

CGUS 技术在我国还处在技术研发和试验示范阶段,已投运的全流程示范项目规模都较小,包括中石油吉林油田的 CO_2 工业分离与驱油项目(10 万 t/a)、神华集团的鄂尔多斯煤制油 CO_2 工业分离与陆上咸水层封存项目(10 万 t/a)、中石化胜利油田的燃烧后 CO_2 捕集与驱油项目(3 万~4 万 t/a)、中国石油天然气股份有限公司于 2009 年在吉林油田开始的每年 12 万 t 的 CO_2 驱油项目(EOR),另外长庆油田黄 3 区 CO_2 驱先导试验项目(试注工程)已于 2016 年 2 月通过当地环保局项目建设审批,这五个项目均已开展了不同程度的环境监测工作。

第5章　二氧化碳地质利用与封存的风险监测与防控

为高效开展环境监测工作，需制定详细的监测计划。监测计划应包括：确定监测体系、确定采用的监测设备或技术、确定合理的监测范围和监测频率。我国神华CO_2咸水层封存示范工程项目已经完成注入，主要的监测工作是与CO_2泄漏相关的常规监测；我国的其他CGUS项目处于注入前和注入中阶段，主要的监测工作是注入前各监测指标的背景值监测和注入中过程中的压力、微震、CO_2泄漏等指标监测。

背景值和常规监测的监测目的各不相同，因此，二者所采用的监测技术也不尽相同。本章通过查阅已公开发表的论文和报告，获得各CGUS项目公布的背景值和常规监测技术手段，供我国CGUS项目的环境监测和环境管理从业人员参考。

背景值监测又称为本底值监测或基线监测。开展背景值监测，能够为地质模型和系统行为预测模型的开发提供基础数据，同时也是对CGUS项目建设运行进行环境影响评价、制定有效的环境修复策略的前提。最重要的是，背景值监测可以获取与CGUS工程运行后获得数据进行对比的基线数据。虽然所有的项目在建设之前都需要进行背景监测，但不同的项目所采取的背景值监测技术也有差异，需要根据项目的位置、类型、规模来选择适合的监测技术与方案。例如，Sleipner和Snøhvit两个项目作为海上CGUS项目，土壤气背景值监测就不是必需的。主要的背景值监测指标包括地表水及地下水监测指标（如pH、温度、总有机碳、总无机碳、碱度、电导率、总矿化度、主要阳离子、主要阴离子、^{13}C同位素、气相组分等）、大气监测指标（如^{13}C同位素、地面-大气CO_2通量、CO_2浓度等）、地球物理监测指标（如3D微地震勘探、时移电缆测井、地层微电阻成像测井、重力调查等）、土壤监测指标（如土壤空气中CO_2通量及浓度、其他土壤气体组分、土壤空气^{13}C稳定同位素比例等）、流体运移监测指标（如水位变化、示踪剂示踪）及植被生态监测。

常规监测的监测对象是：①CO_2地质封存造成的环境影响；②CO_2与咸水泄漏。因此，需要在分析CO_2和咸水可能的泄漏途径的基础上，确定能够有效、灵敏地探测到泄漏事件发生的监测手段。不同项目类型的环境风险和CO_2泄漏风险差异，决定了不同的监测技术和对象。国外CGUS工程应用的监测技术见表5.2。

表5.2　国外CGUS工程应用的监测技术

监测技术	监测风险	应用项目
重复三维地震	CO_2羽迁移；地下特征改变	In Salah/Gorgon/Sleipner/Snøhvit/Weyburn
垂直地质剖面（vertical seismic profile，VSP）地震	CO_2羽迁移；地下特征改变	InSalah/CO₂SINK/Gorgon/RECOPOL/Weyburn

监测技术	监测风险	应用项目
微地震	盖层完整性	In Salah/Weyburn
重力调查	CO_2 羽迁移；地下特征改变	In Salah/Sleipner
InSAR	CO_2 羽迁移；盖层完整性；压力发展	In Salah/Weyburn
倾斜仪/GPS	CO_2 羽迁移；盖层完整性；压力发展	In Salah
浅部含水层井	盖层完整性；饮用水含水层污染	In Salah/CO_2SINK
井口/连续采样	井筒完整性；CO_2 羽迁移	In Salah
追踪	CO_2 羽迁移	In Salah/CO_2SINK/RECOPOL/Weyburn
地表通量/土壤气	地表渗透	In Salah/Gorgon/CO_2SINK/RECOPOL/Weyburn
微生物	地表渗透	In Salah
CO_2 注入速率，压力（井口、井底）	井筒完整性	In Salah/Gorgon/CO_2SINK/RECOPOL/Weyburn
CO_2 监测井、压力管理井 压力（井口、井底）	井筒完整性	In Salah/Gorgon/CO_2SINK/RECOPOL/Weyburn
生产井测井、油管完整性、套管完整性测井	井筒完整性；地下特征改变	In Salah/Gorgon/RECOPOL/Weyburn

5.3　二氧化碳地质利用与封存风险的可控性

　　尽管 CGUS 项目可能存在前述的工程地质风险及泄漏风险，但以上风险一般可控。工程地质风险主要通过对 CO_2 注入井周围的压力增大情况及微震发生频率进行监测，一旦压力增大或微震发生频率超过临界值，可采用减少或暂停 CO_2 注入量的手段，减少 CO_2 储层中压力的聚集，从而控制工程地质风险。在泄漏风险方面，在 CO_2 注入前需要对注入井周边地区进行调研，掌握 CO_2 及咸水可能的泄漏途径（如废弃井、断层等）的具体位置，并在泄漏途径周边布设监测网点，对地下水 pH、TDS 及大气中 CO_2 浓度进行监测。若发现泄漏，可及时堵漏，防止进一步泄漏。具体来说，通过贯穿整个项目生命周期的管控措施，能够有效降低风险事件发生的后果与可能性，保障项目的安全运行（图 5.3）。

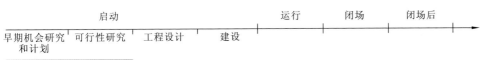

图 5.3　CGUS 项目全生命周期风险管控措施

（ISO/TR 27918:2018 Lifecycle risk management for integrated CCS projects）

1. 选择合适的场址

选择合适的 CO_2 封存场址与目标储层能够有效降低风险发生的可能性及风险后果。例如，储层深度较深、孔隙率和渗透率较大、孔隙弹性较好的 CO_2 储层能够有效降低 CO_2 注入后地表垂向变形风险。储层深度较深可以减缓储层膨胀和扩容变形传递至地表，孔隙率和渗透率高可以缓解储层局部孔隙压力过度集中而导致的垂向差异变形。选择渗透率低、封闭性能强的盖层，能够有效防范 CO_2 对地下水的污染。除此之外，场地应尽量避开人口聚居区和工业厂房区，远离自然保护区、矿产开采区、湿地保护区、森林保护区等敏感区域。

2. 详细的场地勘察与评估

对场地进行详细勘察，掌握 CO_2 及咸水可能的泄漏途径（如废弃井、断层等）的具体位置。勘察过程中需密切关注深大断裂带、活动断裂带的位置及断裂带的活动性和封闭性，尤其是储盖层中具有传递能力的断层，分析流体压力不断增大时的断层活化特征。对注入诱发的应力变化及封存场地的物性变化进行模拟是非常重要的，以此确定断层能承受的最大流体压力，对断层活化风险进行综合评估。

3. 井的施工与管理

井筒（包括注入井、开采井、监测井及废弃井等）是 CO_2 泄漏的主要途径，井筒的封闭性能对泄漏风险的防范至关重要。在注入前，应该对区域内的所有井筒进行全面核查，包括井筒的类别、井龄、套管类型、完井质量、堵塞和废弃方式、闭井后日志等。在注入期，针对新注井、转注井、开采井及监测井，应设计合理的施工方案，选择合适的材料，做好钻井套管、混凝土与井壁岩石之间的密闭措施；对于废弃井，对其密封性能进行评估后，在必要的情况下重新进行封堵，

73

增强井的封闭性能。在运行期、闭场及闭场后，制定 CO_2 通过井筒泄漏至含水层的应急补救措施，形成定期检测和反馈的监管机制。

4.设计合理的注入策略

已有研究表明合理的注入策略可以有效地降低含水层封存 CO_2 的风险。注入中根据地层压力状况合理调节注入速率和注入量，当孔隙率和渗透率较低时，应该降低注入速率和注入量，保持合理的注入压力，一般使其不超过注入区域岩体起裂压力的90%。

5.完备的监测体系

完备的监测体系覆盖了大气、土壤、地表水、地下水、注入层等，贯穿整个项目周期。主要从几个方面进行考虑：①CO_2 羽的迁移与压力发展；②盖层完整性；③井筒完整性；④CO_2 泄漏对环境的影响。通过一系列的监测措施，能够加强对储盖层及 CO_2 羽的认识，通过合理调节注入策略，有效降低封存风险。同时，有效的监测措施能够快速反映 CO_2 泄漏的发生，及时采取应急补救措施，降低风险后果。

6.建立应急补救措施

通过风险分析建立的应急补救措施可以最大限度地减少突发 CO_2 泄漏造成的影响。同时，一旦发生预期外的泄漏或其他紧急事件，应急补救措施则可以指导应该采取的行动及准备。根据 IEA 建议，制定 CO_2 封存的最佳实践应急计划，应包括：①公众疏散；②CO_2 对人群的潜在危害；③提供 CO_2 指标或监测的可能性；④考虑 CO_2 大量泄漏造成局部冷却时，设备和部件能否正常运行。除此之外，通过风险分析与评估，将可能的咸水层封存逃逸机制分类，并针对不同的逃逸机制采取具有针对性的补救措施，能够尽快阻止 CO_2 的泄漏并降低泄漏事件所造成的影响。

5.4 二氧化碳地质利用与封存风险防控技术

5.4.1 二氧化碳储层咸水开采减压技术

CO_2-EWR 技术能够使深部咸水得以开采，经过淡化处理后用于工农业生产及生活饮用,有效缓解中国西部地区尤其是煤电煤化工企业面临的用水短缺状况。

同时开采出的高附加值液体矿产资源或卤水通过梯级提取各种有价值元素，能够产生明显的经济效益和社会效益，并且该技术通过合理的储层压力调控可实现 CO_2 安全稳定的大规模封存。

对于传统的 CO_2 咸水层封存项目，大量 CO_2 的注入会显著提高地层压力。地层压力的增加可能导致上覆盖层破裂或潜在断层活化，从而引发 CO_2 泄漏。压力的增加也可能导致深部 CO_2 储层含有的高浓度咸水向浅层地下水迁移，引起浅层地下水的污染。CO_2-EWR 技术通过人为从 CO_2 储层中抽取咸水，并通过抽水井位控制和采水量控制，使因 CO_2 注入而增加的储层压力得到释放，以达到 CO_2 平稳、安全、规模化封存的目的。在咸水开采过程中，对于开采出的低矿化度咸水，可以利用储层本身的压力为驱动力进行反渗透淡化处理，进一步降低处理成本，反渗透获得的淡水可以满足工农业发展和生活用水的需求；对于高矿化度咸水或卤水，可从卤水中提取出钾盐、溴素等重要矿产资源，还可以利用卤水中蕴含的氯化镁矿化 CO_2，获得高附加值的盐酸和轻质碳酸镁，有望产生明显的经济效益和社会效益。CO_2-EWR 技术示意图如图 5.4 所示。近年来，CO_2-EWR 技术已在全球范围内得到广泛关注，其中澳大利亚 Gorgon 项目是采用 CO_2-EWR 技术的全球首个示范性 CGUS 工程。

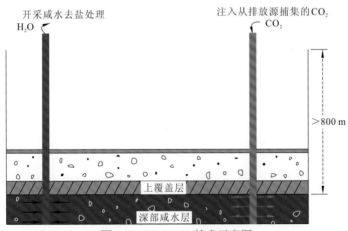

图 5.4　CO_2-EWR 技术示意图

我国内陆主要沉积盆地含水层系统类型的差异决定了 CO_2-EWR 技术在不同的地区有着不同的应用前景。我国南部地区是以碳酸盐岩为主或夹杂碎屑岩的含水层系统，裂隙富集和孔隙赋存的控矿机制形成富集的卤水资源地。将其加以综合开发，不仅为国民经济发展所急需，且可产生明显的经济效益和社会效益。在我国东部地区，含水层类型是以砂砾石、中粗砂为主的松散岩类含水层系统，过度抽取地下水已引起了华北、苏锡常（苏州、无锡、常州）等地区严重的地面沉降，地下水采水深度正在逐年增加。开采深层咸水并加以淡化利用对于缓解地下水过量开采、阻止地面进一步沉降有一定的应用前景。同时东部发达地区的碳排放强度高，CO_2 深部咸水层封存将是主要的减排选择之一。在我国中西部地区，水资源相对紧缺，但煤炭资源相对丰富。这对耗水量大的煤化工企业来说无疑成为发展的一大障碍，且 CO_2 的高浓度巨量排放也使其在减排方面面临巨大压力。因此，CO_2 地质封存联合采水的新思路，对于我国新疆、内蒙古等煤田、煤化工厂较多而又缺水的地域具有很大的应用潜力。

相比传统的 CO₂-EOR 技术，CO₂-EWR 技术的安全性要更高。这是因为，CO₂-EWR 技术的储层一般没有经过前期开发，上覆盖层没有受到潜在的损伤或破坏。CO₂-EWR 技术相对于 CO₂-EOR 技术在安全性和稳定性方面不会带来显著的风险增加，而相对于常规的 CO_2 咸水层封存技术，则带来显著的风险降低。当然，CO₂-EWR 技术在成熟情况下也仍然存在一定的风险，主要是 CO_2 的局部泄漏，但在监测和预警技术完善和应急处理措施完备的前提下，此类风险较小且可控。

5.4.2　抗二氧化碳腐蚀磷铝酸盐与硅酸盐复合水泥体系开发

油气勘探开发过程中，CO_2 常存在于地层水或者油气层中，作为石油天然气的伴生气或者地层水中的组分，在一定的条件下会对油井水泥环造成腐蚀作用。腐蚀作用一般是 CO_2 与水泥发生物理化学反应降低水泥石的碱性，从而使水泥石的抗压强度减小，渗透率增大；进一步地腐蚀可直接穿透水泥石套管，缩短油气井的寿命。因此需要开发具有抗 CO_2 腐蚀的固井水泥体系，以期延长油气井寿命，保证在 CO_2 长期封存过程中，水泥环能有效安全封固（王岩，2014）。

磷铝酸盐水泥（PALC）的主要化学成分为 Al_2O_3、CaO、P_2O_5、SiO_2，以及少量的 MgO、Fe_2O_3、SO_3。磷铝酸盐水泥的主要水化产物为水化磷酸盐凝胶（C-P-H）、水化磷铝酸盐（C-A-P-H）及铝胶。因磷铝酸盐水泥的水化产物中无易被 CO_2 腐蚀的 $Ca(OH)_2$，故磷铝酸盐水泥抗 CO_2 腐蚀性能较好。因此，可考虑将磷铝酸盐水泥与常规硅酸盐水泥混合，制备磷铝酸盐-硅酸盐复合水泥体系，以提高固井水泥的抗 CO_2 腐蚀性能。复合水泥体系的水泥浆配方可简写如下：G（G 级硅酸盐水泥）+X% PALC（磷铝酸盐水泥）+3～5% 微硅+1.5～2.5% G33S（降失水剂）+1～3% SR（缓凝剂）+水。

本节对 PALC+G 复合水泥体系在腐蚀温度、腐蚀龄期条件下的 CO_2 腐蚀过程进行评价，通过对比复合水泥体系的水泥石在 CO_2 腐蚀前后的力学性能、渗透率变化，优选出耐 CO_2 腐蚀能力最好的复合水泥体系比例，并深入分析了 CO_2 腐蚀前后物相含量及微观结构。

1. 磷铝酸盐水泥耐 CO_2 腐蚀能力评价

目前，水泥石耐 CO_2 腐蚀能力通常是以 CO_2 腐蚀前后水泥石的抗压强度及渗透率变化为依据。本节通过讨论 CO_2 腐蚀前后硅酸盐水泥、磷铝酸盐水泥、复合体系水泥（PALC+G）的抗压强度及渗透率变化，以评价各体系水泥石耐 CO_2 腐蚀能力的优劣。

将硅酸盐水泥、磷铝酸盐水泥分别与微硅、外加剂混合后，按一定水灰比配制成密度 1.85 g/cm³ 的水泥浆体系，分别在 30 ℃、50 ℃、70 ℃下养护 7 天，成型后置于高温高压腐蚀釜中进行腐蚀实验，腐蚀条件为：90 ℃、120 ℃，P_{CO_2} = 3 MPa，P_{N_2} = 7 MPa，腐蚀 7 天。实验结果见表 5.3。

表 5.3　不同体系纯水泥 CO_2 腐蚀前后抗压强度对比

水泥体系	养护温度 /℃	腐蚀温度 /℃	腐蚀压力 /MPa	腐蚀前 7 天强度 /MPa	腐蚀后 7 天强度 /MPa	衰退率 /%
硅酸盐水泥	30	90		18.4	9.8	46.8
	50	90		22.2	12.6	43.4
	70			18.3	10.5	42.1
	30	120		18.4	14.7	20.1
	50	120		22.2	13.5	39.0
	70		P_{CO_2} = 3 P_{N_2} = 7	18.3	12.3	32.0
磷铝酸盐水泥	30	90		23.8	21.4	10.0
	50	90		22.4	41.2	−83.6
	70			15.5	17.0	−9.6
	30	120		23.8		
	50	120		16.7	18.2	−8.8
	70			26.8	32.8	−22.3

由以上实验结果可以看出，硅酸盐水泥在 120 ℃，P_{CO_2} = 3 MPa，P_{N_2} = 7 MPa，腐蚀 7 天抗压强度明显衰退。图 5.5 为硅酸盐水泥腐蚀前后的试样图。

（a）腐蚀前　　　　　　　　　　　（b）腐蚀后（破型）

图 5.5　腐蚀前后硅酸盐水泥试样图

由图 5.5 中腐蚀前后试样的表观形貌对比可以看出，腐蚀前水泥石试样结构完整，经过 CO_2 腐蚀后试样表面形成灰黄色腐蚀层，表面析出白色物质，其表面结构疏松易脱落，说明腐蚀后水泥石的结构完整性遭到破坏。

而对于磷铝酸盐水泥而言，由表 5.3 可以得出，在 30 ℃养护成型的水泥石经过 CO_2 腐蚀（腐蚀温度 90 ℃）后抗压强度降低，其抗压强度衰退率为 10.0%，腐蚀后的强度为 21.4 MPa，仍具有较高强度。在 50 ℃、70 ℃养护成型的水泥石经过 CO_2 腐蚀（腐蚀温度 90 ℃）后抗压强度都增大。50 ℃养护成型的水泥石经 CO_2 腐蚀后抗压强度达到 41.2 MPa，腐蚀后水泥石的性能更优于腐蚀前的性能。70 ℃养护成型的水泥石经过 CO_2 腐蚀后抗压强度增长率为 9.6%，强度为 17.0 MPa。图 5.6 为腐蚀前后的磷铝酸盐水泥石试样（王岩，2014）。

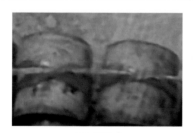

（a）腐蚀前　　　　　　　　　　　（b）腐蚀后（破型）

图 5.6　腐蚀前后磷铝酸盐水泥试样图

由图 5.6 可以看出，磷铝酸盐水泥试样腐蚀前表面较为完整且密实。当试样受到 CO_2 腐蚀后，磷铝酸盐水泥试样表面结构完整，无其他产物析出，且破型后试样内部仍较为致密，内部结构同样完整，因此，磷铝酸盐水泥体系耐 CO_2 腐蚀性能较好。

2. 磷铝酸盐与硅酸盐复合水泥体系 CO_2 腐蚀能力评价

1）磷铝酸盐与硅酸盐复合水泥体系 90 ℃耐腐蚀性

与前文相同，将不同比例的磷铝酸盐水泥与硅酸盐水泥混合后，加入微硅、外加剂等，配制成密度为 1.85 g/cm³ 的复合水泥浆，然后分别在 30 ℃、50 ℃ 及 70 ℃ 下养护 7 天，待固化后置于高温高压腐蚀釜中进行腐蚀实验，腐蚀条件温度为 90 ℃，腐蚀气体分压为 P_{CO_2} = 3 MPa、P_{N_2} = 7 MPa，腐蚀龄期为 7 天。复合水泥体系试样腐蚀前后抗压强度变化见表 5.4。

表 5.4　复合水泥体系腐蚀后抗压强度变化

G 级+X% 磷铝酸盐	30 ℃腐蚀前 / MPa	30 ℃腐蚀后 / MPa	衰减率 / %	50 ℃腐蚀前 / MPa	50 ℃腐蚀后 / MPa	衰减率 / %	70 ℃腐蚀前 / MPa	70 ℃腐蚀后 / MPa	衰减率 / %
0%	18.4	9.8	46.8	22.2	12.6	43.4	18.2	10.5	42.1
3%	19.5	18.6	4.2	24.8	22.3	10.1	22.2	20.4	8.1
5%	22.3	31.8	-42.3	23.2	16.0	30.8	22.0	17.2	22.0
10%	18.3	15.0	18.4	23.0	12.3	46.5	22.7	18.9	16.8
15%	18.2	14.7	19.1	22.2	13.1	41.0	20.4	16.9	17.5
20%	17.2	13.7	20.2	23.2	13.7	41.0	21.5	15.3	28.8
30%	17.1	8.1	52.4	24.4	11.8	51.7	22.3	12.2	45.2
40%	16.1	9.1	43.4	23.3	12.8	45.0	21.8	49.7	-128.0
50%	14.2	7.2	49.6	22.6	12.1	46.2	13.3	22.5	-69.1
60%	12.4	7.4	39.9	15.0	7.9	47.4	12.0	9.2	23.2
70%	13.7	7.4	46.1	13.6	7.4	45.4	14.2	16.7	-17.4
100%	10.5	3.3	68.7	18.2	7.4	59.5	14.3	9.5	33.6
PALC	23.8	21.4	10.0	22.4	41.2	-83.6	15.5	17.0	-9.6

　　由表 5.4 可知，G + 40% / 50% PALC 试样在 70 ℃ 养护并腐蚀后，抗压强度大幅度增长，分别为 49.7 MPa、22.5 MPa，增长率分别为 128.0% 与 69.1%，说明 70 ℃ 条件下有利于复合水泥体系耐 CO_2 腐蚀性。在 30 ℃ 与 50 ℃ 条件下养护试样，由于复合水泥体系组分复杂，腐蚀前后试样强度变化规律不统一，在 PALC 加量 30%～100% 产生明显抗压强度衰减。但由实验结果可知，30 ℃ 与 50 ℃ 条件下，G + 5% PALC 与 G + 3% PALC 试样衰减率较低。因此较低温度条件下，复合水泥体系中磷铝酸盐含量不宜过高。图 5.7 为复合水泥体系 CO_2 腐蚀后试样图。

2）磷铝酸盐与硅酸盐复合水泥体系 120 ℃ 耐腐蚀性

　　为评价复合水泥体系在更高腐蚀温度条件下的耐蚀性，对 90 ℃ 腐蚀条件下的耐腐蚀性能较好的复合水泥做进一步评价，使腐蚀温度为 120 ℃，其他腐蚀条件不变。

（a）远视图 （b）近视图

图 5.7　复合水泥体系腐蚀后的水泥石

由图 5.8 可以看出，磷铝酸盐水泥 50 ℃养护成型后，再置于 120 ℃、P_{CO_2} = 3 MPa、P_{N_2} = 7 MPa 的腐蚀条件下，其抗压强度明显增高，腐蚀后增长到 27.4 MPa，增长率为 8.8%，说明磷铝酸盐水泥具有良好的耐 CO_2 腐蚀性能。然而，硅酸盐水泥经过 CO_2 腐蚀后其抗压强度为 14.1 MPa，衰退率为 37.0%。G + 3% /5% /50% PALC 复合水泥体系经过 CO_2 腐蚀后其抗压强度全部出现衰退现象。

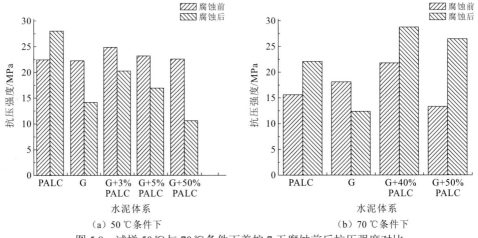

（a）50 ℃条件下 （b）70 ℃条件下

图 5.8　试样 50 ℃与 70 ℃条件下养护 7 天腐蚀前后抗压强度对比

3）复合水泥体系腐蚀前后渗透率变化

表 5.5 为 50 ℃养护 7 天，各组试样 CO_2 腐蚀前后孔隙率与渗透率对比。

表 5.5　腐蚀前后孔隙率与渗透率对比

水泥体系	腐蚀前		腐蚀后	
	孔隙率/%	渗透率/mD	孔隙率/%	渗透率/mD
G+3% PALC	29.6	0.021	34.0	0.033
G+5% PALC	29.4	0.025	34.3	0.041
G+30% PALC	31.8	0.032	46.4	0.047

续表

水泥体系	腐蚀前		腐蚀后	
	孔隙率/%	渗透率/mD	孔隙率/%	渗透率/mD
G+50% PALC	30.2	0.026	51.4	0.042
G+ PALC (1:1)	39.4	0.041	42.6	0.055
PALC	30.1	0.043	12.2	0.014
G	30.2	0.046	51.5	0.060

对比腐蚀前后孔隙率、渗透率及抗压强度可知,磷铝酸盐水泥具有良好的耐腐蚀性,并且 G + 3%/5% PALC 经过 50 ℃养护 7 天后,复合水泥体系耐腐蚀能力较强。

将 70 ℃养护 7 天耐蚀性较好的复合水泥石试样置于 120 ℃、P_{CO_2} = 3 MPa、P_{N_2} = 7 MPa 的腐蚀条件下腐蚀 1 个月,以评价其长期耐蚀性,实验结果如图 5.9 所示。

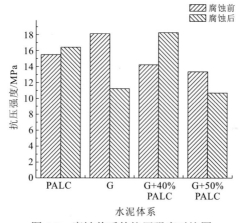

图 5.9　腐蚀前后的抗压强度对比图

如图 5.9 所示,试样受到长达 1 个月的 CO_2 腐蚀后,硅酸盐水泥试样抗压强度急剧衰退,G+50% PALC 复合水泥试样同样出现衰减现象,而磷铝酸盐水泥与 G+40% PALC 复合水泥体系在相同条件下,抗压强度增长。故此,为满足水泥石完整性要求,PALC 磷铝酸盐水泥体系具有较好的耐 CO_2 腐蚀性,在长期腐蚀条件下 G+40% PALC 复合体系水泥耐 CO_2 腐蚀性较好。

3. 水泥石 CO_2 腐蚀产物分析

硅酸盐水泥石经 CO_2 腐蚀后,其强度均出现明显衰减,此现象主要是腐蚀产物的种类与含量变化,内部结构失稳引起。通过对 CO_2 腐蚀试样分层取样,并测试其矿物组成,探究硅酸盐水泥石经 CO_2 腐蚀后强度衰退的主要物相变化,

图 5.10 为硅酸盐水泥石各层腐蚀 X 射线衍射（X-ray diffraction，XRD）图谱。（腐蚀条件为：120 ℃、P_{CO_2} = 3 MPa、P_{N_2} = 7 MPa，7 天）

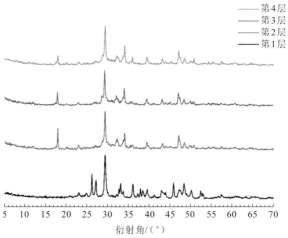

图 5.10　硅酸盐水泥石各层腐蚀 XRD 图谱

由图 5.10 物相分析结果可知，第 1 层的主要矿物组分为 $CaCO_3$（白色析出物）；第 2~4 层的主要矿物组分为 $CaCO_3$、$Ca(OH)_2$ 和水化硅铝酸钙 $Ca_2Al_2SiO_7 \cdot 8H_2O$。$CaCO_3$ 是硅酸盐水泥经 CO_2 腐蚀后的主要产物。由以上物相分析及图 5.11 可知，在与 CO_2 反应后，硅酸盐水泥内部生成大量的 $CaCO_3$，说明硅酸盐水泥石耐 CO_2 腐蚀性较差。

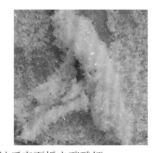

图 5.11　硅酸盐水泥石经腐蚀后表面析出碳酸钙

针对磷铝酸盐水泥体系，50 ℃养护 7 天后的主要矿物为水化磷酸钙 $Ca_5P_6O_{20} \cdot H_2O$、氢氧化铝 $Al(OH)_3$、水化磷铝酸钙 $Ca_2Al_2P_4O_{15} \cdot H_2O$、水化硅铝酸钙 $Ca_2Al_2SiO_7 \cdot 8H_2O$。通过与硅酸盐水泥试样相同的分层、取样测试，得到经 CO_2 腐蚀后其物相组成，如图 5.12 所示。（腐蚀条件为：120 ℃，P_{CO_2} = 3 MPa，P_{N_2} = 7 MPa，7 天）

由图 5.12 可以看出，磷铝酸盐水泥体系受到 CO_2 腐蚀后，第 1 层的主要矿物组分为 $Al(OH)_3$、$Ca_5P_6O_{20} \cdot H_2O$、碱式碳酸钙 $Ca_{10}(PO_4)(CO_3)_3(OH)_2$、水化碱式碳

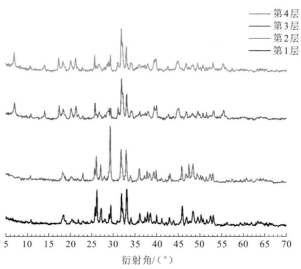

图 5.12　磷铝酸盐水泥石各层腐蚀 XRD 图谱

酸钙 $CaPO_3(OH)\cdot 2H_2O$ 和 $Ca_2Al_2SiO_7\cdot 8H_2O$；第 2 层的主要矿物组分为 $Al(OH)_3$、$Ca_5P_6O_{20}\cdot H_2O$、$Ca_{10}(PO_4)(CO_3)_3(OH)_2$ 和 $Ca_2Al_2SiO_7\cdot 8H_2O$；第 3 层的主要矿物组分为 $Al(OH)_3$、$Ca_5P_6O_{20}\cdot H_2O$ 和 $Ca_2Al_2SiO_7\cdot 8H_2O$；第 4 层的主要矿物组分为 $Al(OH)_3$、$Ca_5P_6O_{20}\cdot H_2O$、$Ca_2Al_2SiO_7\cdot 8H_2O$。

由以上物相分析结果可知，磷铝酸盐水泥体系中不存在 $Ca(OH)_2$，故经 CO_2 腐蚀后无 $CaCO_3$ 生成。而第 1~2 层出现的 $Ca_{10}(PO_4)(CO_3)_3(OH)_2$ 可减缓 CO_2 对磷铝酸盐水泥体系的腐蚀作用，并且该层含有 $Al(OH)_3$、$Ca_5P_6O_{20}\cdot H_2O$ 等不与 CO_2 反应的组分，说明磷铝酸盐水泥体系具有良好的耐 CO_2 腐蚀性能。

将 70 ℃养护 7 天的 G+40% PALC 复合水泥石在未腐蚀前进行物相测试，结果如图 5.13 所示。

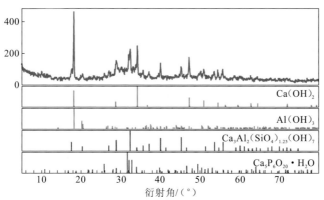

图 5.13　G + 40%PALC 复合水泥石腐蚀前 XRD 图谱（70 ℃，7 天）

如图 5.13 所示，G + 40% PALC 复合水泥石腐蚀前的矿物组成主要为碱式硅铝酸钙 $Ca_3Al_2(SiO_4)_{1.25}(OH)_7$、$Ca(OH)_2$、$Al(OH)_3$ 和 $Ca_5P_6O_{20} \cdot H_2O$。

G + 40% PALC 复合水泥石经 CO_2 腐蚀后，试样中各层物相组成分别为：第 1 层的主要矿物组分为 $CaCO_3$、水化硅酸钙凝胶 $Ca_{1.5}SiO_{3.5} \cdot xH_2O$、$Ca_5P_6O_{20} \cdot H_2O$ 和 $Al(OH)_3$；第 2~4 层的主要矿物组分为 $Al(OH)_3$、$Ca_{1.5}SiO_{3.5} \cdot xH_2O$、$CaSiO_4 \cdot H_2O$ 和 $Ca_5P_6O_{20} \cdot H_2O$。因此，G + 40% PALC 复合水泥石经 CO_2 腐蚀后仅表面生成了少量的 $CaCO_3$，而且表面还含有 $Ca_{1.5}SiO_{3.5} \cdot xH_2O$、$Ca_5P_6O_{20} \cdot H_2O$ 和 $Al(OH)_3$，对水泥石形成了保护屏障，阻止了 CO_2 的腐蚀侵入，使其具有良好的耐腐蚀性。

图 5.14 为 G+PALC 复合体系（1∶1）70℃养护 7 天后的矿物组成。由图 5.14 可以看出，其主要矿物组成是 $Ca_3Al_2(SiO_4)_{1.25}(OH)_7$、$Ca(OH)_2$、$Ca_{1.5}SiO_{3.5} \cdot xH_2O$ 和过磷酸钙 $Ca_2P_2O_7$。

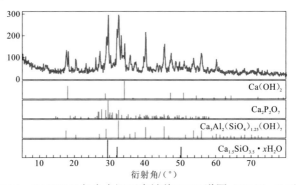

图 5.14　G+PALC 复合水泥石腐蚀前 XRD 谱图（70℃，7 天）

将 G+PALC 复合体系（1∶1）70℃养护 7 天后的试样进行 CO_2 腐蚀（腐蚀条件：90℃，P_{CO_2} = 3 MPa、P_{N_2} = 7 MPa，7 天），测定水泥石各层的物相组成，如图 5.15 所示。

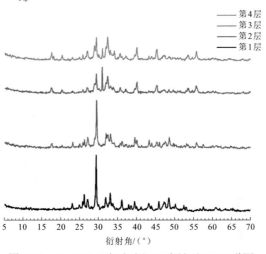

图 5.15　G + PALC 复合水泥石腐蚀后 XRD 谱图

由图 5.15 可以看出，腐蚀后试样各层产物如下：第 1～2 层的主要矿物组分为 $CaCO_3$ 和 $Ca_2P_2O_7$；第 3 层的主要矿物组分为 $CaCO_3$、$Ca_2P_2O_7$、$Ca_2Al_2SiO_7 \cdot 8H_2O$、$Ca_3(PO_4)_2$。因此，G+PALC 复合体系（1∶1）经 CO_2 腐蚀后，由外到内均有 $CaCO_3$ 生成且含量较高，说明 G+PALC 复合体系（1∶1）耐 CO_2 腐蚀性较差。

4. 复合水泥石腐蚀前后微观结构

如图 5.16 所示，硅酸盐水泥被 CO_2 腐蚀后其表面腐蚀产物的微观形貌主要为针状和块状产物，为典型的 $CaCO_3$ 晶体形貌。由此，验证了硅酸盐水泥经腐蚀后表面生成了大量的 $CaCO_3$。

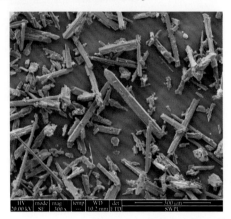

图 5.16　硅酸盐水泥石经 CO_2 腐蚀后表面析出物的微观形貌

图 5.17 为硅酸盐水泥经 CO_2 腐蚀后的微观形貌。可见，经 CO_2 腐蚀后，微观结构变得疏松多孔，但仍有颗粒状的 $CaCO_3$ 存在，且内部结构间的胶凝相减少，主要是由小颗粒堆积而成，因此，其经 CO_2 腐蚀后强度衰减严重。

图 5.17　硅酸盐水泥经 CO_2 腐蚀后的微观形貌

图 5.18 为磷铝酸盐水泥经 CO_2 腐蚀后的微观形貌，其外表层结构较为致密紧凑，不同形貌结构错落相间，有利于保护其内部结构不受腐蚀。而在试样内部，产物紧密相接，晶体结构明显，针状、块状等晶型相互交错，结构致密可有利于抵抗 CO_2 腐蚀深入。

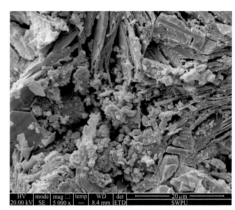

图 5.18　磷铝酸盐水泥经 CO_2 腐蚀后的微观形貌

图 5.19 为 G+40% PALC 复合水泥石经 CO_2 腐蚀后的微观形貌。与磷铝酸盐水泥相似，G+40% PALC 复合水泥经 CO_2 腐蚀后，试样最外层结构致密，晶体间相互错落交联，腐蚀后的外边缘未出现疏松的颗粒及明显的 $CaCO_3$ 形貌，水泥石结构致密、紧凑、完整，因此其耐 CO_2 腐蚀性较好。

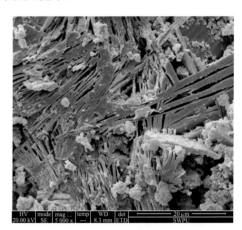

图 5.19　G + 40% PALC 复合水泥石经 CO_2 腐蚀后的微观形貌

G + 40% PALC 复合水泥在 30 ℃与 50 ℃养护后试样中存在 $Ca(OH)_2$，经 CO_2 腐蚀后生成 $CaCO_3$，但是由物相分析可知，该复合水泥石表面还含有低钙硅比 C-S-H、$Ca_5P_6O_{20} \cdot H_2O$ 和 $Al(OH)_3$ 等物相，对水泥石形成了保护屏障，阻止了 CO_2 腐蚀入侵。

第 6 章

二氧化碳地质利用与封存示范工程的风险监测

6.1 国外示范工程风险监测

安全可靠地长期储存注入深部地层的 CO_2 是 CGUS 示范工程必须达到的目标。为实现此目标，在将 CO_2 注入储层后，需要通过相应的监测手段，确定储层中 CO_2 迁移的位置和状态。此外，必须采用现场数据监测和数值模拟相结合的方法，定量评估 CO_2 封存的永久性和有效性。因此，国外的 CGUS 示范项目均设计了完备的现场监测和风险管理体系，主要的监测对象包括：①注入开始前的背景数据；② CO_2 注入速率和压力；③ CO_2 在地下的分布和迁移；④断层和废弃井等潜在泄漏途径；⑤储层上方的浅层地下水及大气。

国外的 CGUS 示范项目大多进行了非常详尽的背景数据监测（表 6.1），并基于该项目的地质构造及运行特点，设计符合该项目需要的监测方法。例如，阿尔及利亚的 In Salah 项目是 CO_2 深部咸水层封存项目，其监测的重点主要放在 CO_2 羽的迁移、含水层污染、盖层完整性等方面。Sleipner 和 Sønhvit 作为近海深部咸水层封存项目，更关注 CO_2 羽的迁移特征，以及 CO_2 注入对地层造成的影响，不存在 CO_2 泄漏到浅层地下水或地表等问题。因此，在常规检测中，主要采取了三维地震监测技术。Recopol 项目以煤层作为 CO_2 储层，监测时重点考虑泄漏井的分布、CO_2 羽的迁移、盖层完整性等因素。美国 Decatur CO_2 咸水层封存项目在注入 CO_2 前就进行了 CO_2 在 Mt Simon 砂岩层中运移的大尺度数值模拟，明确了 CO_2 泄漏可能对环境造成影响的区域。该项目建立了完备的地下和地表监测、信号二次确认和分析系统，制订了周期性取样和信号采集方案（包括水样采集、钻孔取芯、钻孔测井、地球物理测量信号收集等）。通过把样品分析及信号采集结果与先进的三维微震监测及地质地图技术相结合，获得了翔实的支撑大尺度数值模拟的储层地质数据（中国二氧化碳地质封存环境风险研究组，2018）。美国的 ZERT 项目和澳大利亚的 Otway 项目在 CO_2 地质封存的环境监测方面做了很多重要的探索和尝试，展示了各种有价值的监测技术和设备（赵兴雷 等，2018；蔡博峰，2012）。在监测技术筛选工具方面，目前开发的工具主要是根据监测目标进行监测技术的初步筛选。其监测目标包括上覆盖层完整性、CO_2 羽的覆盖范围、CO_2 在盖层中的运移距离、CO_2 存储效率、预测模型校准、CO_2 总注入量、地表泄漏检测及测量、井的完整性、地震及地壳运动、公众信任 10 个监测目标。

综上所述，国外典型的 CGUS 示范项目通常在满足预算要求的前提下，会基于项目所在场地的自身特点，灵活地选用不同种类的监测技术。选用的监测技术通常会包含深部地层监测技术（如 CO_2 羽覆盖范围监测、储层压力监测、微震监测等）和浅层地下水/大气监测技术（如地下水 pH 和金属离子监测、无机碳含量

表 6.1　国外 CGUS 工程背景监测项目列表

监测类别	监测对象/技术	SECARB 深部咸水层	Otway 枯竭气田	Lacq 枯竭气田	Weyburn 增采油田	Gorgon 深部咸水层	Sleipner 近海深部咸水层	In Salah 深部咸水层	Snohvit 近海深部咸水层	CO₂SINK 深部咸水层
大气	气象	Y	Y	Y（详细监测内容未知）						
	空气质量		Y							
	CO_2 浓度	Y	Y							
	^{13}C 稳定同位素		Y							
	地面-大气 CO_2 通量		Y							
	其他		CO_2 排放源调查							
土壤气	土壤空气 CO_2 通量、浓度	Y	Y	Y				Y		Y
	其他土壤气体组分	Y(N_2、CH_4、O_2)	Y(CH_4)	Y(CH_4)						
	土壤空气 ^{13}C 稳定同位素比例		Y	Y						
水质	地表水 ①温度、pH、电导率、总矿化度、总有机碳、碱度；②主要阳离子；③主要阴离子；④^{13}C 稳定同位素	Y（阳离子增加：Ag^+、Al^{3+}、As^{3+}、Ba^{2+}、Ca^{2+}、Cd^{2+}、Cr^{3+}、Cu^{2+}、Fe^{3+}、K^+、Mg^{2+}、Mn^{4+}、Mo^{4+}、Na^+、Pb^{2+}、Zn^{2+}。阴离子增加：F^-、Cl^-、SO_4^{2-}、Br^-、NO_3^-、PO_4^{3-}）		Y（增加标准指示离子、化学和矿物组分）						
	浅层地下水 水化学组分		Y	Y（增加化学和矿物组分）	Y					
	注入层位地下水 水化学组分	Y	Y	Y（油性质）	Y（油性质）			Y		Y

续表

监测类别	监测对象/技术	SECARB 深部咸水层	Otway 枯竭气田	Lacq 枯竭气田	Weyburn 增采油田	Gorgon 深部咸水层	Sleipner 近海深部咸水层	In Salah 深部咸水层	Snohvit 近海深部咸水层	CO₂SINK 深部咸水层
	水位变化	Y	Y							
	示踪剂示踪	Y（SF6、Kr、PFTs）	YCD₄（重氢甲烷）、SF5（苯巴比通）、氮气		计划，未执行（全氟化物）			Y（全氟化物）		Y
流体运移	地球化学变化	Y	Y	Y	Y		Y	Y		Y
	时移垂直地震剖面（VSP）监测	Y	Y		Y			Y		Y
	3D地震勘探	Y	Y		Y	Y	Y	Y	Y	Y
	时移电缆测井	Y								
	地层微电阻成像测井				Y					
	微地震	Y	Y	Y	Y			Y		
	重力调查									
植被生态	植物群和动物群			Y						
其他		野外抽注水试验、水-岩-CO₂相互作用的安室试验；电阻层析成像、连续活动源地震监测、地震层析成像	高分辨率走时	井压力/温度剖面	流体样品（油样和气样）动态流体测试					

监测、大气中 CO_2 浓度等），以尽可能全面地监测能够反映工程地质风险和 CO_2 泄漏风险的相关指标。国外 CGUS 示范项目将选用的监测技术有机结合，形成了完善的监测体系，以实现主要监测目标：①CO_2 注入前的背景数据测量（基线监测）；②CO_2 注入期间 CO_2 羽迁移及储层中 CO_2 分布的实时监测；③CO_2 注入期间及注入停止后 CO_2 泄漏检测和注入井/盖层完整性检测；④通过监测结果验证储层 CO_2 封存能力的计算值，并为封存安全监测策略研究提供依据。

6.2　国内二氧化碳地质封存示范工程——神华 CCS 工程的风险监测

6.2.1　神华集团 CCS 工程的风险监测技术

神华集团 CCS 工程的储层渗透系数仅为毫达西级，属于低渗地层，CO_2 运移阻力较大，CO_2 最大年注入量为 30 万 t 级。采取的监测方式主要有地上空间监测、地表监测、地下监测三类，详细的监测技术见表 6.2。

表 6.2　神华集团 CCS 项目监测技术

监测位置	监测方式	监测指标	监测频率
地上空间监测	近地表大气 CO_2 浓度监测	距离地表 2 m 的大气 CO_2 浓度、大气温度、大气湿度、风速、风向、压力、海拔	每两月
	近地表连续 CO_2/SF_6 浓度监测	距离地表 2 m 的大气 CO_2/SF_6 浓度、大气温度、大气湿度、风速、风向、压力、海拔	连续
	CO_2 通量相关参数监测	距离地表 10 m 和 5 m 的大气 CO_2 通量、大气湿度、风速、风向、信号强度	连续
地表监测	土壤 CO_2 通量监测	地表土壤 CO_2 通量、土壤温度、土壤湿度	每两月
	雷达地表变形监测	雷达图像相位差信息	共 10 期
	地表植被的生长状况监测	典型农作物耐受阈值	长期
地下监测	土壤原位 CO_2 通量监测	地下土壤 10 m 深 CO_2 通量、土壤温度、土壤湿度	连续
	地下水水质监测	pH、Ca^{2+}、Mg^{2+}、总硬度	每两月
	盖层以上缓冲层深井取样与温压监测	温度、压力、水质与气质（可能）	每两月
	VSP 地震监测	三期 VSP 地震监测结果动画显示	共 3 次
	地层温度压力监测	长期连续温度压力计研发	长期

除表 6.2 中内容外，神华集团还自主开发了地下原位保真取样装置、地下原位 CO_2 通量监测装置、浅层地下 CO_2 气体浓度监测装置、自校正井中压力温度监测装置、压力平衡自动测量土壤 CO_2 气体浓度装置、封存 CO_2 泄漏对浅层土壤和植物影响评估的模拟装置、基于多传感器的区域 CO_2 浓度的检测装置等监测装置。

监测方案采用地下、地表与地上空间相促进，连续监测与间歇监测相结合的设计原则。全方位立体的封存现场监测方案如图 6.1 所示。项目执行期内共进行了四期 VSP 地震监测。进行的时间分别是 2011 年 5 月、2013 年 8 月、2014 年 12 月和 2019 年 10 月，对应的 CO_2 注入量分别为 0、13 万 t、25 万 t、30 万 t。检测过程采用了国内最先进的 60 级大阵列的井下检波器，每次采用的炸药型号、药量和激发深度也基本一致。通过检测并解释 VSP 信号，明确了注入 CO_2 运移范围，证实了该封存项目的安全性。项目实施过程中除对地下水质与地表 CO_2 浓度、地表变形等进行间歇监测外，还分别建立了地下 10 m、地表与地上 10 m 大气 CO_2 通量、园区内近地表 CO_2/SF_6 浓度等监测装置。

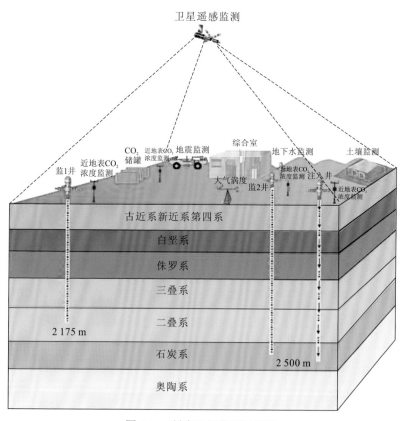

图 6.1　封存现场监测示意图

第6章　二氧化碳地质利用与封存示范工程的风险监测

1. 地下监测系统

地下监测系统主要包括 CO_2 运移监测、注入过程的井底监测、水质监测、盖层以上缓冲层深井取样与监测等。

CO_2 运移监测：神华集团 CCS 项目选择 VSP 技术作为监测注入 CO_2 运移规律的主要手段。采用的 VSP 数据采集方式包括零井源距 VSP、Walkaway-VSP 和 Walkaround-VSP。分别在 2011 年 5 月、2013 年 8 月和 2014 年 12 月进行了 3 次 VSP 地震数据采集，通过数据处理和解释，获得注气前后地震数据变化，分析 CO_2 运移范围。3 次地震对应的 CO_2 注入量分别为 0、13 万 t、25 万 t。2011 年 5 月（注气前）观测系统包括 1 个零井源距 VSP、5 个非零井源距 VSP（300 m）、2 个周边 VSP（井源距 600 m 和 1200 m，每 15 度一炮）、1 条线间距式 VSP（注气井和 VSP 方向，炮点距 25 m，最大偏移距 2000 m）。间距式 VSP 观测井段 410～2470 m，观测点距 10 m。在第 1 次 VSP 资料采集完后，监测井 2 在 1200 m 以下打水泥桥塞封井，因此第 2 次和第 3 次 VSP 从 1190 m 深度观测，观测系统进行了重新设计。第 2 次 VSP 资料采集在 2013 年 8 月完成，第 3 次 VSP 资料采集在 2014 年 12 月完成，分别实施了 1 个零井源距 VSP、8 个方位间距式 VSP（L1 线与第 1 次位置相同）、2 个偏移距周边 VSP（与第 1 次位置相同）。第 4 次 VSP 资料沿用前 3 次，便于与前 3 次对比分析 CO_2 的运移状态。

注入过程的井底监测：注入井的监测位置有 2 个，一个位于井头（以下称为 INJ 1），另一个位于井下 1 631 m（以下称为 INJ 2）。INJ 1 监测数据包括压力、温度、体积流量及累计注入体积。由于采用多层统注工艺，监测井中有 4 个监测位置（分别对应 4 个关键储层），每个监测点都记录了压力及温度数据。

水质监测：监测范围主要是以注入井为中心，半径为 2 km 左右，方圆 10 km^2 的圆形区域内。通过监测地下水成分的变化，监测 CO_2 向浅层地层水的运移情况，主要的监测指标有 pH、钙镁离子、总硬度等。

盖层以上缓冲层深井取样与监测：监测主力盖层以上的温度、压力、地层水质、气质与储层渗透性的长期演化。

2. 地表监测方案

地表监测方案包括地表浅层土壤 CO_2 通量的监测、地表变形监测、地表植被的生长/健康状况监测。

地表浅层土壤 CO_2 通量的监测：监测时，首先将土壤呼吸室置于土壤表面，然后连接在 CO_2 气体分析仪上，接好进气管和出气管。每个点位重复测量读数 3 次，取平均值作为监测点的土壤 CO_2 通量。根据该项目的环境监测方案，每两月左右监测 1 次地表土壤的 CO_2 通量。

地表变形监测：以短基线集合成孔径雷达干涉测量技术为中心，研究多时相变化的封存场地地表形变特征。为便于比较分析，收集了 CCS 工程 CO_2 封存前的 4 次高分辨率雷达卫星数据，获取了封存前的地表形变背景值。通过收集 CO_2 封存期间的监测数据，获取了封存期间监测区的地表形变特征。通过选取人工封存影响区与无显著影响区的数据，在相同的时间尺度上进行横向上的地表形变对比。

地表植被的生长/健康状况监测：通过模拟地质封存 CO_2 泄漏速率，研究 CO_2 泄漏对农业生态系统（以玉米、苜蓿为例）的影响及机理，提出农业生态系统对 CO_2 泄漏的耐受阈值及安全预警指标。神华集团 CCS 工程开发了实验箱体、CO_2 控制释放装置、作物生理参数监测装置与近地面 CO_2 浓度的开路涡度相关测量系统，构建了观测土壤-植物-大气参数的封存 CO_2 泄漏模拟平台。实验过程应用气体自动采样仪和安捷伦气相色谱仪检测 CO_2 释放后土壤中 CO_2 与 O_2 的浓度，采用土壤原位 pH/mV 温度计观测土壤 pH、氧化还原电位，采用光合仪与冠层分析仪分别观测玉米的光合特性 [净光合速率（Pn）、气孔导度（Gs）、蒸腾速率（Tr）] 与叶面积指数等典型作物的主要技术参数随 CO_2 浓度的变化情况。

3.地上空间监测方案

地上空间监测方案包括近地表大气 CO_2 浓度监测、大气 CO_2 通量监测、SF_6 示踪剂浓度监测。近地表大气 CO_2 浓度监测：以注入井为中心，监测半径为 2 km，即注入井周围 10 km^2 的范围。每两月左右监测 1 次近地表 CO_2 浓度分布。

大气 CO_2 通量监测：通量塔的位置综合了考虑安全、观测范围、建筑物影响、人为活动、汽车尾气排放与大气层等因素；涡动相关设备安装在 10 m 高度处，可以观测到 350 m 半径范围内的通量增加量。

SF_6 示踪剂监测：将 SF_6 加压后与液态 CO_2 一起注入地下储层，并通过监 1 井、监 2 井和监 3 井（2019 年 11 月完工，并开始深井原位保真取样与温压长期监测）监测 CO_2 和 SF_6 是否发生泄漏，进而证实封存 CO_2 的有效性与安全性。

6.2.2 神华集团 CCS 工程的风险防控

神华集团 CCS 工程的安全预警及风险防控技术体系首先是建立 CO_2 注入后的监测指标，对 CO_2 封存的安全性进行评估；其次采用数值模拟技术对 CO_2 地下泄漏进行预测，对 CO_2 泄漏情景下 CO_2 在地表的扩散进行模拟，分析 CO_2 运移可能波及的范围；再次针对 CO_2 可能的运移范围，建立 CO_2 泄漏预警指标；最后设置泄漏应急处置响应体系。

CO_2 注入后的长期监测技术中，除水质标准及 CO_2 浓度能找到明显质量标准来界定该封存项目的安全性外，其他监测技术暂未建立安全的等级评价体系（2010年），并且已有的水质与 CO_2 浓度标准也不统一。首先建立 CO_2 注入后监测的安全性评价体系，按实际最浅注入点深度与地表（0 m）距离将地表形变数据划分为五个安全等级。然后参考评价生态安全时的综合指数分析法构建 CO_2 注入后监测的安全评价体系，对各指标数值进行量化统一，结合各指标的权重确定目标体系所处的安全等级。最后得出神华集团 CCS 项目监测指标的安全指数。神华集团 CCS 项目注入后监测指标的安全等级见表 6.3。

表 6.3　神华集团 CCS 项目注入后各监测指标的安全等级（赵兴雷 等，2017）

安全等级	地下水		CO_2		SF_6浓度 /（mg/kg）	地表变形率/mm	CO_2水深运移距离/m	综合安全指数（SF）
	pH	总硬度/（mg/L）	通量/[mg/（m²·h）]	浓度/（mg/kg）				
Ⅰ 非常安全	6.5~8.5	0~150	0~2×10⁴	375~10⁴	1~5	1~2	1 200~1 500	1~0.785
Ⅱ 安全	6.5~8.5	150~300	2×10⁴~4×10⁴	10³~10⁴	5~10	2~3	900~1 200	0.785~0.587
Ⅲ 基本安全	6.5~8.5	300~450	4×10⁴~6×10⁴	10⁴~4×10⁴	10~50	3~4	600~900	0.587~0.394
Ⅳ 不安全	5.5~6.5	450~550	6×10⁴~8×10⁴	4×10⁴~10⁵	50~100	4~5	300~600	0.394~0.199
Ⅴ 很不安全	5~5.5	>550	>8×10⁴	10⁵~10⁶	10²~10⁴	>5	0~300	0.199~0
最大值	8.5	650	10⁵	10⁶	10³	6	1 500	
最小值	5	50	0	375	0	1	0	

CO_2 泄漏预警首先利用空间数据挖掘技术对各类监测数据进行异常检测，监测数据可以分为时间序列数据、时空数据及空间数据，然后对检测结果利用模糊数学理论进行综合异常判断，根据预先设定的预警阈值得到最终的预警结果。基于以上预警方案开发了相应的 CO_2 泄漏预警模型，模型流程图如图 6.2 所示。

CO_2 泄漏预警模型由单项异常判断、综合异常判断、警情判断三个部分组成。其中，异常检测主要有时间序列异常检测与空间异常检测。预警指标的选取是根据安全评估中各个预警值指标的安全等级范围，利用模糊数学确定异常等级的范围。表 6.4 列出了各监测内容的预警指标，各监测内容的预警指标分别为 CO_2 浓度、CO_2 通量、水质（pH、总硬度等）、SF_6 浓度、CO_2 垂直迁移距离及地表变形率。为保证 CO_2 泄漏预警模型预测的准确性，需对注入井、监测井、缓冲层等泄漏风险高或早发现区域加强监控，实现泄漏风险的早发现、早处置。同时，还需要完善安全管理规章制度，并对负责监控的相关岗位人员定期进行操作技能培训。

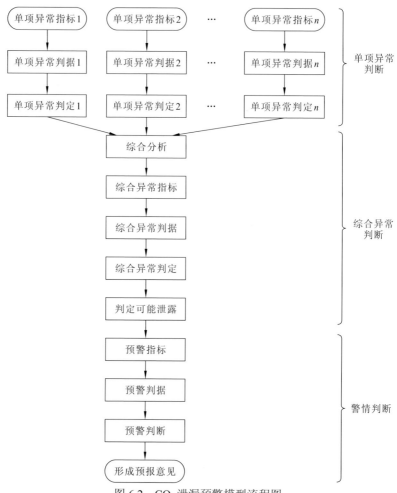

图 6.2　CO_2 泄漏预警模型流程图

表 6.4　预警指标选取

监测项目	监测内容	预警指标
离线大气 CO_2 浓度监测（2 m）	监测时间、经纬度坐标、大气 CO_2 浓度、大气温度、大气湿度、风速、风向、压力、海拔及动画显示	CO_2 浓度
在线 CO_2 浓度监测（1 m）	监测时间、经纬度坐标、大气 CO_2 浓度、大气温度、大气湿度、风速、风向、压力、海拔	CO_2 浓度
在线大气 CO_2 通量监（10 m、3 m）	监测时间、水平矢量风速、罗盘坐标系风向、Z 轴垂直风速平均值、CO_2 通量、CO_2 浓度平均值、大气温度平均值、大气压力平均值、CO_2 信号强度平均值、H_2O 信号强度平均值、平均相对湿度	CO_2 浓度 CO_2 通量

续表

监测项目	监测内容	预警指标
地下原位 CO_2 通量监测（地下 10 m）	监测时间、经纬度坐标、CO_2 通量、土壤温度、土壤湿度、压力、液位、pH	CO_2 通量
地下水水质监测（盖层以上及浅层）	监测时间、经纬度坐标、深度、水温、pH、Ca^{2+}、Mg^{2+}、总硬度、电导率、海拔	pH 总硬度
示踪剂 SF_6 浓度监测	监测时间、经纬度坐标、深度、SF_6 浓度、风速、风向	SF_6 浓度
VSP 地震监测	excel（监测时间，解释 V_p、V_s、V_p / V_s 等、孔隙率、CO_2 分布等指标，水平迁移距离、垂直迁移距离）、三期 VSP 地震监测结果动画显示	CO_2 水平迁移距离
地表变形监测	excel（监测时间，注入量，地表变形率：差值\背景区变化值）、地表变形动画显示	地表变形率

　　如果 CO_2 泄漏预警模型显示 CO_2 泄漏明显迹象，则需要对 CO_2 泄漏风险进行应急处置和风险管理。应急处置方案分为四个部分：组建事故类型及危害程度分析与评估，明确泄漏事故的类型、位置及其危害程度；建立应急处置队伍体系，制定应急方案，包括应急准备方案、应急响应方案，划分响应机制，设计应急响应程序等。应急处置的 CO_2 泄漏补救措施需结合实际泄漏位置进行确定。若泄漏发生于注入井，应立即停止 CO_2 注入，对注入井进行钻井修复，修复并评估合格后再重新注入 CO_2；若泄漏发生于监测井，在泄漏量不大的前提下可在修复泄漏井的同时维持 CO_2 注入。修复注入井和监测井可采用二次固井、注入封堵材料、安装桥塞、灌注水泥桥塞等方式封堵泄漏点。若在 CO_2 注入过程中发生 CO_2 从渗透性断层、裂缝等处泄漏的情形，则应立即停止注入，并在泄漏处开展水力或化学封堵等处置措施。若注入结束后，CO_2 发生长期缓慢泄漏，可采取降低储层压力的方法，如从储层中人为抽出咸水，或设法增加新的储层空间，分散储层压力。

　　神华集团 CCS 项目还制订了 CO_2 泄漏的定期常态化监控方案，主要包括长期监测与定期开展风险评估，对查出的问题制定整改措施并及时进行治理。对注入井、监测井和已发现的可能泄漏点，采取摄像头监控、人员定点值守等方法加强监控，并在 CO_2 封存区域额外选取 6 个固定监测点和盖层以上缓冲层进行常态实时监测。神华集团 CCS 项目制订了完善的安全管理规章制度，定期对负有 CO_2 泄漏监控职责的管理岗位人员进行操作技能培训。

　　神华集团 CCS 项目各参与单位共同研发了 CO_2 封存监测、安全性评估与泄漏预警信息系统，它建立在 GIS 平台上，集数据集成、分析、安全评估、预警、信息发布、扩散模拟于一体，可以将所有监测的在线、离线数据信息进行综合处理。系统设计模块如图 6.3 所示。各模块的详细介绍可参考《陆相低渗咸水层 CO_2 封存关键技术与应用》一书（赵兴雷 等，2017）和已经出版的相关报告。该系统可为泄漏事故类型及危害程度分析、泄漏信息报告程序的建立、预防与预警机制的建立、应急响应程序的建立、应急处置程序的建立与应急救援保障的建立提供有效的技术支持。

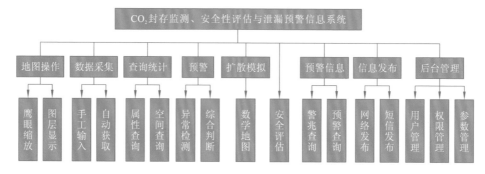

图 6.3　系统的功能模块设计

2019 年底综合监测结果表明：储层内 CO_2 在主迁移方向上的迁移距离小于 500 m，主力盖层以上缓冲层内未见 CO_2 泄漏迹象。监测结果表明：在监测技术可探测范围内，封存的 CO_2 未发生泄漏，封存工程处于安全状态。

第 7 章

二氧化碳地质利用与封存
样品分析先进技术

储层、盖层、固井水泥及储层内的流体(油气、盐水、CO_2 等)是构成 CO_2 地质封存体系的主要部分。储层/盖层/固井水泥结构成分复杂,流体组分多样,在长期水岩反应作用下,各因素发生动态不确定性变化,并最终引起宏观物理力学特性的质变,致使封存体系产生工程地质风险、泄漏风险及 CO_2 腐蚀风险。储层/盖层/固井水泥的结构、化学组成和物理力学特性分析结果为评估 CGUS 所面临的三大风险提供了基础信息和重要评估指标,本章就各类岩心及水样样品分析所采用的先进技术展开论述,以期为 CGUS 的风险评估提供技术理论指导。

本章所涉及的先进技术包括基于高能电子束与物质相互作用的扫描电镜(scanning electron microscope,SEM)及能量色散 X 射线谱(energy-dispersive X-ray spectroscopy,EDS),基于 X 射线与物质相互作用的 X 射线衍射(X-ray diffraction,XRD)及 X 射线电子计算机断层扫描(computed tomography,CT),结合电子-离子双束作用的聚焦离子束扫描电镜(focused ion beam-scanning electron microscopy,FIB-SEM),基于电离单电荷离子的荷质比实现元素识别和定量的电感耦合等离子质谱仪(inductively coupled plasma-mass spectrometry,ICP-MS),基于质子与外加磁场相互作用的磁共振成像(magnetic resonance imaging,MRI)等。目前这些技术主要被用于岩心结构、成分和孔隙流体特性的分析上。此外,诸如声发射、岩石三轴试验、压汞/气试验等不断发展完善的传统岩心分析手段在经典的岩石力学专著内均有更专业、更细致的阐述,本书不再赘述。

7.1　扫描电镜及能量色散 X 射线谱

SEM 结合 EDS 常用于矿物、岩石、水泥材料等各类工程地质样品的微区形貌结构观察和成分分析。SEM 具有纳米级成像分辨率,20～200 000 倍连续可调放大倍数,样品制备简单,且成像景深大、视野宽,可直接观察各种试样凹凸不平表面的细微结构,搭载 EDS 时,还可实现微米级精度的微区无损元素定量分析,以及元素线扫描和面扫描定性分析。下文将简要介绍 SEM 和 EDS 的原理、结构及应用。

7.1.1　电子束与物质的相互作用

SEM 和 EDS 都是基于电子束与物质相互作用的表面分析设备,样品在高能电子束激发下可产生各类特征信号,如背散射电子、二次电子、X 射线、阴极荧光、俄歇电子、透射电子等各类信号,如图 7.1 所示。

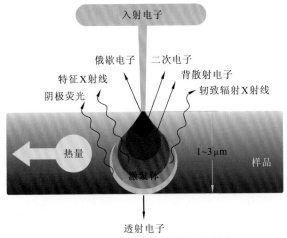

图 7.1　电子束与物质作用示意图

二次电子是被入射电子所激发出来的样品原子中的外层电子，产生于样品表面以下 5～50 nm 的区域。二次电子的产额主要取决于样品的形貌，因而 SEM 可对样品凹凸不平表面的细微结构进行微观成像。高分辨二次电子成像的分辨率可达 1 nm 左右。

背散射电子是被固体样品中的原子核反弹回来的一部分入射电子，产生在样品深度 100～1 000 nm。背散射电子产生量随原子序数增加而增加，因而背反射电子作为成像信号，可以分析样品的形貌特征，同时也能显示原子序数的衬度，从而进行元素组分定性分析。背散射电子束成像分辨率一般为 50～200 nm。

特征 X 射线是样品原子内层的电子受激发后在能级跃迁过程中释放的具有特征能量（波长）的一种电磁波辐射。若 K 层电子被击出，不同外层（L、M、N…层）电子向 K 层跃迁时释放的辐射统称为 K 系辐射（K_α、K_β、K_γ…）；同样，L 层电子被击出后，电子向 L 层跃迁时所产生的一系列辐射则统称为 L 系辐射，依次类推。基于上述机制产生的 X 射线，波长只与不同能级上发生电子跃迁的能级差有关，由原子结构决定。特征 X 射线一般在样品 500～3 000 nm 深处发出，原子序数越大产生的同系特征 X 射线波长越短，因而通过检测样品的特征 X 射线能量（波长），可确定样品所含元素的种类。除特征 X 射线外，高速电子还能在物质表面激发产生具有连续谱的轫致辐射 X 射线。这是电子接近原子核时受库仑力作用，导致电子急剧减速，能量转化成辐射，其强度与被撞击粒子电荷数的平方成正比，与入射粒子质量的平方成反比。

阴极荧光是物质在高能电子作用下，价带电子被激发到导带，之后由于导带能量高不稳定，被激发电子又重新跳回价带，以特征荧光形式释放出能量。

俄歇电子是物质原子内层电子被激发电离形成空位，高能级电子跃迁至该空位过程中，多余能量使原子外层电子激发发射，形成无辐射跃迁，被激发的外层电子即为俄歇电子。

许多表面分析测试技术手段便是利用这些信号。例如，透射电镜（transmission electron microscope，TEM）利用透射电子束信号，可以从原子尺度研究材料的微观结构及成分；阴极荧光谱仪通过收集样品的阴极荧光信号，可以得到矿物内部的环带结构像，还能进行矿物的荧光光谱分析；SEM 的背散射电子探测器可收集背散射电子信号，形成扫描样品的背散射像；SEM 的二次电子探头收集的信号即为样品的二次电子像；EDS 可收集特征 X 射线，进行样品元素分析；背散射电子衍射仪通过收集大角度背散射电子信号，可用于确定矿物相和晶体结构信息（陈莉 等，2015）。

7.1.2 扫描电镜原理与结构

SEM 主要由电子光学系统、信号收集及显示系统、真空系统、电源系统和样品室组成（周玉 等，2007；张慧，2003；吴杏芳，1998）。SEM 的工作原理为：从电子枪中的阴极产生电子，经栅极调制，由阳极加速，形成电子束；电子束通过聚光镜和物镜会聚，形成纳米尺度的电子探针；电子探针在扫描线圈偏转作用下轰击样品室中的样品，并在样品上逐帧扫描；电子束与样品作用产生的各种信号经不同探测器接收放大，并用于调制成像显示器同步扫描点的亮度，形成可体现表面形貌差异或区域化学成分差异的衬度图像（陈莉 等，2015）。图 7.2 为 SEM 结构示意图。

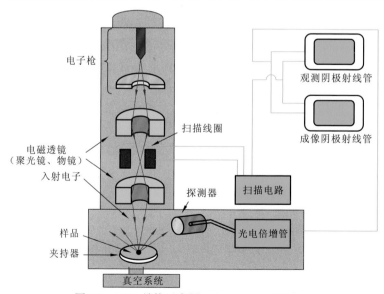

图 7.2 SEM 结构示意图（Tops-stars，2018）

（1）电子光学系统的作用是产生聚焦电子束作为激发源，在样品表面进行扫描。它由电子枪、电磁透镜、扫描线圈、消像散器、光阑等组成。电子枪利用阴极与阳极灯丝间的高压产生高能量的电子束，电磁透镜可将电子枪发出的束斑逐渐缩小至几纳米的电子束，扫描线圈可改变电子束在样品表面扫描的振幅，获得所需放大倍率的扫描像。

（2）信号收集及显示系统的作用是检测样品在入射电子作用下产生的物理信号，然后经视频放大作为显像系统的调制信号。针对不同的物理信号，可采用的检测系统大致分为电子检测器、阴极荧光检测器和 X 射线检测器三类。电子检测器是 SEM 的基本配置，主要为二次电子探测器和背散射电子探测器。地质类的样品一般为许多矿物种类的集合体，在二次电子像中的形貌差别较小，但背散射电子像对不同的矿物可形成很好的衬度，因而观察地质样品成分变化时常用到背散射电子探测器。可进行 EDS 分析的电镜系统均配备 X 射线检测器。

（3）真空系统的作用是为设备提供一定真空度。SEM 内必须保持高于 10^{-3} Pa 的真空度，否则可导致透镜光阑和试样表面受碳氢化物的污染加速，电子束背散射增大，电子枪灯丝寿命缩短，从而诱发虚假二次电子效应等。

（4）样品室和电源系统。样品室的主要部件是样品台，可为样品提供三维空间移动、倾斜和转动。电源系统由稳压、稳流及相应的安全保护电路所组成，其作用是提供 SEM 各部分所需的电源（姚丽娟 等，2020）。

SEM 的主要性能参数包括分辨率、放大倍数及景深。图像分辨率指的是能分辨两点之间的最小距离，由入射电子束直径和调制信号类型共同决定（冯玉龙，2007）。同一电子束下，成像分辨率取决于成像的物理信号，如背反射电子像的分辨率为 50～200 nm，二次电子像的分辨率为 5～10 nm。同类调制信号，电子束直径越小，分辨率越高。例如，场发射扫描电镜（FE-SEM）的电子束比普通 SEM 的电子束更细，其分辨率可达 1 nm。放大倍数为荧光屏上阴极射线同步扫描幅度与电子束在样品表面扫描幅度的比值。由于 SEM 的荧光屏尺寸固定不变，可通过调节电子束在试样表面的扫描幅度实现放大倍数的调节。目前，商品化 SEM 的放大倍数一般在几万至几十万倍连续可调。景深是指一个透镜对高低不平的试样各部位能同时聚焦成像的一个能力范围，电镜图像的景深为分辨率与电子束入射半角的正切值之比。SEM 的末级透镜孔径角非常小（10^{-3} rad），可获得很大的景深，成像富有立体感，因而可直接观察各种试样凹凸不平表面的细微结构（陈莉 等，2015）。

7.1.3 能量色散 X 射线谱的原理与结构

EDS 一般作为 SEM、TEM 或扫描透射电子显微镜（scanning and transmission electron microscope，STEM）的一个附加系统，通过在样品室中装入 X 射线接收系统，可对被测样品进行微区成分的定性和定量分析。

EDS 主要由 X 射线探测器、放大器、多道脉冲分析器和数据输出显示系统组成。X 射线探测器的种类繁多，从早期的 NaI 闪烁计数器，到目前市场上常见的 Si（Li）晶体探测器，以及新型 Si 漂移探测器和高纯硅晶体探测器，其功能都是将 X 射线光子能量转换为电信号。以 Si（Li）晶体探测器为例，EDS 的工作原理［见图 7.3（a）］可概述为：通过准直器的特征 X 射线光子进入检测器后，可在 Si（Li）晶体内激发一定数目的电子–空穴对，数量与入射 X 射线光子能量成正比；通过对 Si（Li）检测器加偏压，可分离收集电子–空穴对，其间产生的电荷脉冲经场效应管和前置放大器转换成电流脉冲，再由正比放大器转换成电压脉冲，由于电压的脉冲幅度取决于空穴对的数目，不同元素激发出的 X 射线光子可产生的脉冲幅度不一样；利用多道脉冲分析器按高度把脉冲分类进行计数，可绘制出 X 射线按能量大小分布的图谱。图 7.3（b）示意了不同元素 X 射线能谱曲线的绘制方法。

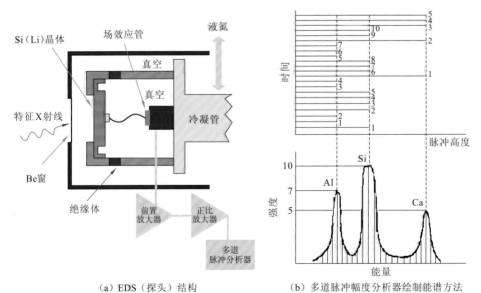

（a）EDS（探头）结构　　　　（b）多道脉冲幅度分析器绘制能谱方法

图 7.3　EDS 结构及原理示意图（Liao，2013）

EDS 定性分析的任务是根据能谱图上各特征峰的能量确定试样的化学元素组成，这也是定量分析的前提。EDS 定量分析的任务是排除轫致辐射 X 射线的干扰，通过基质校正把试样与标样中被分析元素的特征 X 射线强度比变换成元素浓度比，从而根据标样元素浓度计算试样元素浓度，经修正后微区元素质量分数的误差可限定在±5%之内。

EDS 的工作方式包括点分析、线扫描和面扫描三种。点分析工作模式下，将电子束固定在待分析微区上，即可从显示屏上得到微区内全部元素的谱线。线扫描工作模式指的是将能谱仪固定在某一元素特征 X 射线信号的能量位置上，将电子束对着指定的方向做直线轨迹扫描，便可得到这一元素沿直线的浓度分布曲线，改变特征 X 射线信号的能量位置到另一元素上，便可得到另一种元素的浓度分布曲线（孙金玲，2017）。面扫描是指能谱仪固定在某一元素 X 射线信号的能量位置上，电子束在样品表面做光栅扫描时，可在荧光屏上得到该元素分布的图像，移动 X 射线信号能量位置便可获得另一种元素的浓度分布图像。通常，试样表面的元素含量越高，在屏幕上的亮度越大，通过按亮度的大小设置一定的区间，并赋予各区间一定的颜色，可形成元素浓度分布的伪彩色图像。

7.1.4　扫描电镜及能量散射 X 射线的应用

1.H_2S 和 CO_2 联合封存环境下井筒水泥腐蚀过程表征

为探索联合封存环境下 H_2S 和 CO_2 对火山灰改性井筒水泥的影响，Zhang 等（2013a）采用 SEM 结合 EDS 分析水泥结构和成分的变化（注意，作者还结合了 XRD 分析碳酸盐类物质，此处只介绍 SEM 和 EDS 的应用和分析结果，本章涉及应用的小节也采用类似阐述方式）。该火山灰改性水泥样品中火山灰质量分数分别为 35%和 65%，样品上半部分养护于 H_2S 摩尔分数为 21%的 H_2S 和 CO_2 的混合气体内，下半部分养护于 H_2S 和 CO_2 饱和的盐水中，养护温度 50 ℃、压力 15.1 MPa。分析发现 28 天养护期龄下，水泥表面均出现明显变化；火山灰质量分数 65%的水泥中，H_2S 和 CO_2 渗透速度快，其内部形成了碳酸盐，而火山灰质量分数 35%的水泥内部并无明显变化。图 7.4 为 100×放大倍率下 SEM 背散射电子像中部分水泥样品的结构对比，结合 EDS 点分析，对反应产物进行识别。从 SEM 背散射电子像上可以看出，在模拟的联合封存环境下，火山灰含量 35%的水泥外部出现了明显的裂纹、沉淀层和溶解层，火山灰含量 65%的水泥内部相对火山灰含量 35%的水泥内部更为粗糙，孔隙更明显。通过 EDS 点分析对反应产物进行鉴别，发现主要产物为碳酸盐，同时伴有黄铁矿颗粒的生成。

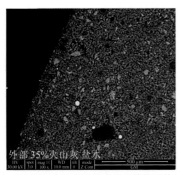
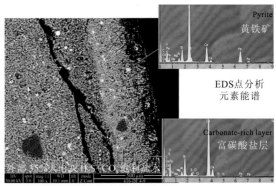

（a）35%火山灰水泥在盐水养护下的
结构

（b）35%火山灰水泥在H_2S和CO_2饱和盐水中养护的外缘结构，以及产物区的EDS点分析结果

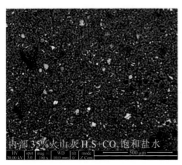
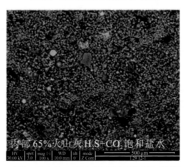

（c）35%火山灰水泥在H_2S和CO_2饱
和盐水中养护的内部结构

（d）65%火山灰水泥在H_2S和CO_2饱
和盐水中养护的内部结构

图7.4　SEM背散射电子像结合EDS水泥结构及成分分析（Zhang et al.，2013a）

2.碳封存环境下CO_2对井筒水泥-砂岩界面的影响

为探究井筒与岩层界面上CO_2作用引起的化学反应，Nakano等（2014）采用SEM-EDS观测手段（还结合了XRD/μ-XRD分析）观测水泥-砂岩复合样品上含钙矿物的变化。复合样品为金属套管（内）-水泥（中）-砂岩（外）的同心圆柱结构，在压力10MPa，温度50℃的反应釜内，半段样品浸泡于CO_2饱和盐水中，另半段暴露于湿润的CO_2中，如图7.5（a）所示。经过56天反应后，取出样品，使用光学显微镜、SEM和EDS等仪器进行矿物分析。通过将EDS面扫描分析结果映射到SEM图像上，得到Ca元素的分布图像；SEM-EDS分析的Ca含量分布图与光学显微镜图像上的砂岩、碳化区和无变化区具有一致性，如图7.5（b）和（c）所示。利用SEM-EDS进一步分析水泥上含Ca、Mg、Si、Al、Fe、S等元素的矿物分布，计算碳化区和无变化区内各类矿物的比例，如图7.5（d）和（e）所示。通过以上分析得出碳化区的Ca质量分数相对无变化区增加了20%，而Mg、Si、S等元素在碳化区的质量分数均减少了。

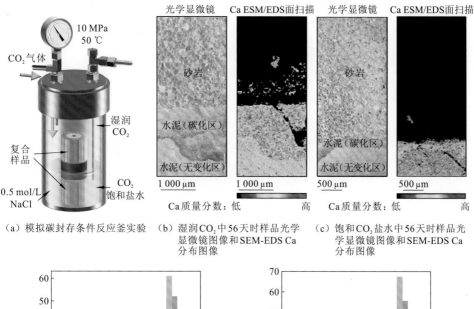

（a）模拟碳封存条件反应釜实验

（b）湿润 CO_2 中 56 天时样品光学显微镜图像和 SEM-EDS Ca 分布图像

（c）饱和 CO_2 盐水中 56 天时样品光学显微镜图像和 SEM-EDS Ca 分布图像

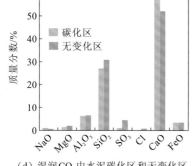

（d）湿润 CO_2 中水泥碳化区和无变化区 SEM-EDS 分析的元素组分含量

（e）饱和 CO_2 盐水中水泥碳化区和无变化区 SEM-EDS 分析的元素组分含量

图 7.5　SEM 背散射电子像结合 EDS 面扫描的水泥-砂岩复合样品成分分析
（Nakano et al.，2014）

7.2　X 射线衍射及 X 射线电子计算机断层扫描

　　EDS 成分分析可以确定微区元素的种类及含量，但无法确定矿物的晶相成分。为确定岩心/水泥中的矿物种类，通常需要进行 XRD 分析。尤其是粉晶 XRD 技术，被广泛应用于矿物的定性、定量分析，对于了解矿物成因，探讨成矿、造岩作用，确定岩石岩性具有重要意义。X 射线 CT 是岩心、岩土材料内部结构无损检测的重要手段，通过三维岩心 CT 影像构建数字岩心模型，是建立岩心微观结构和宏观物理性质之间的桥梁。7.2.1～7.2.5 小节主要介绍 XRD 和 X 射线 CT 的原理、结构及应用。

7.2.1　X 射线与物质的相互作用

XRD 及 X 射线 CT 都是基于 X 射线与物质的相互作用的分析手段。X 射线是一种波长介于紫外线和 γ 射线的电磁波，其波长为 0.001～10 nm。当 X 射线照射到物质上面时，将发生吸收、散射和透射等一系列宏观现象，如图 7.6 所示。

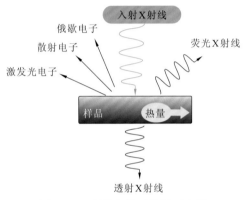

图 7.6　X 射线与物质作用示意图

被物质"吸收"的一部分 X 射线的能量将转化成热耗，激发光电子、俄歇电子或者荧光 X 射线。X 射线的透射指的是一小部分射线光子完全透过物质，保持原有能量，沿入射方向穿过物质继续传播。散射指的是 X 射线光子与物质内部原子碰撞导致前进方向发生改变：其中一部分光子与原子碰撞后，散射光子能量不变，只是传播反向改变，散射射线与入射射线发生相干散射；另一部分光子与原子碰撞后，部分能量传递给原子（构成吸收的一部分），其能量与方向均发生改变，产生与入射射线不相干的散射（张海军 等，2010；祁景玉，2003）。

1. 衍射

原子在晶体中周期性排列，其晶格常数（0.1 nm 量级）与入射 X 射线波长（常用 0.05～0.25 nm）数量级相当，因此可以用晶体作为 X 射线的天然衍射光栅。X 射线衍射是 X 射线相干散射的表现（张海军 等，2010；刘粤惠 等，2003）。

同一原子面上，单色 X 射线以 θ 角入射时，在反射角方向上，相邻散射线的光程差均为 0，在该方向上散射射线最大限度地相互增强，即为衍射方向，如图 7.7（a）所示。

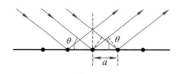

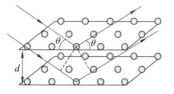

（a）一行晶面上衍射条件　　　　　　（b）晶面间衍射条件

图 7.7　X 射线衍射布拉格条件示意图

晶体可视为由许多平行的原子面堆积而成，由于 X 射线穿透能力强，不仅晶体表面的原子会成为散射波源，晶体内部的原子同样会成为散射波源。由于原子面对 X 射线的衍射可视为对入射线的反射，晶体对 X 射线的衍射则是平行原子面间"反射波"相干增强的结果，如图 7.7（b）所示。根据布拉格条件，两相邻原子面"反射波"干涉加强的条件为相邻干涉波的光程差等于波长的整数倍，即

$$\delta = 2d\sin\theta = n\lambda \tag{7.1}$$

式中：δ 为光程差；λ 为波长；d 为晶面间距；θ 为入射角度；n 为反射级数，整数。

由于晶体三维结构的差异，其晶面方向和间距通常不同。由式（7.1）可知，一个三维晶体对一束平行而单色的入射 X 射线产生衍射，至少要求有一组晶面的取向恰好能满足布拉格条件。实验上，使单晶样品发生衍射的方法是，用一束平行的单色 X 射线照射一颗不断旋转的晶体，在晶体旋转的过程中各个取向的晶面都有机会通过满足布拉格条件的位置。对于多晶样品，由于晶粒的取向是机遇的，当使用单色的 X 射线作入射光时，总能够在某几颗取向恰当的晶粒上产生衍射。一个三维晶体对一束平行入射的连续谱 X 射线总能产生衍射。对于单晶样品，任何一组晶面上总有一个可能的波长能够满足布拉格条件。对于多晶样品，在固定的角度位置上观测，则只有某些波长的 X 射线能产生衍射极大，依据该位置的入射角大小和衍射 X 射线波长就能计算出产生衍射的晶面间距大小。

晶体原子的元素种类及其排列分布的位置不同，产生衍射的强度也不同。纯物质衍射线强度的表达式可简写为

$$I = I_0 K \left|F\right|^2 \tag{7.2}$$

式中：I_0 为产生衍射的入射 X 射线强度；K 为综合因子，与试样的形状、吸收性质、实验时的衍射几何条件、温度及一些物理常数有关；$|F|$ 为结构因子，与样品晶体的结构及晶体所含原子的性质有关。

2. 透射

由于吸收和散射，X 射线透过物质时必然发生能量的衰减（张定华，2010；张朝宗，2009）。该衰减的能量与入射线强度和材料厚度有关，其关系可表示为

$$I = I_0 \, \mathrm{e}^{-\mu x} \qquad (7.3)$$

式中：I 为穿透厚度 x 时 X 射线的强度；I_0 为入射 X 射线的强度；μ 为线衰减系数，包含吸收和散射两部分贡献，但由于物质吸收造成的 X 射线能量损失远远大于散射损失，散射部分往往忽略不计。对于同一物质而言，线吸收（衰减）系数与其密度成正比，其密度吸收系数为 $\mu_\mathrm{m} = \mu / \rho$。当 X 射线通过多种元素组成的物质时，其质量吸收系数为所有组成元素的质量吸收系数的质量平均，即

$$\mu_\mathrm{m} = \sum (\mu_{\mathrm{m}i} w_i) \qquad (7.4)$$

式中：$\mu_{\mathrm{m}i}$ 为元素 i 的质量吸收系数；w_i 为元素 i 的质量分数。由式（7.4）可得 X 射线透过复合材料时，X 射线的衰减公式可表达为

$$\ln (I / I_0) = -\sum (\rho_i \mu_{\mathrm{m}i} x_i) = -\sum (\mu_i x_i) \qquad (7.5)$$

在 CT 检测中，通常以射线透过空气时探测器的测量值为 I_0，透过物体时探测器的测量值为 I，$p = \ln (I / I_0)$ 即为 CT 投影值，x_i 为一个像素点的物理距离。CT 图像重构是一个由 CT 投影值 p 求解材料衰减（吸收）系数空间分布 $\mu (i, j)$ 的过程；为重构一幅 $N \times M$ 的 CT 断层，至少需要求解 $N \times M$ 个独立的方程才能解出全部 $\mu (i, j)$；通过改变 X 射线穿过样品的方向，就能得到不同方向上的投影值，如果检测的投影视角足够多，就可以得到足够数量的相互独立的线性方程。通常医学 CT 系统采用同步旋转射线源与探测器的方法实现不同方向的扫描，工业 CT 系统则通过旋转样品实现入射方向的改变。图 7.8（a）示意了通过记录 X 射线在不同角度入射样品时的投影信号，再由获得的投影信号反投影重构 CT 断层图像[图 7.8（b）]的过程。

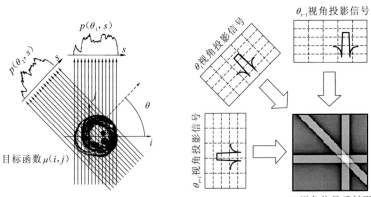

（a）多角度投影（Smith, 1997） （b）多视角反投影重构

图 7.8 X 射线投影与反投影重构示意图（Vinegoni et al., 2009）

7.2.2　粉晶 X 射线衍射仪原理与结构

　　粉晶 X 射线衍射仪是目前研究矿物、岩石样品最常用的设备,本小节简要介绍分析粉末晶体常用的聚焦光束型的多晶衍射仪的工作原理和结构特征。粉晶 X 射线衍射仪的基本工作原理为:由 X 射线管发出的射线束,经索拉狭缝、发散狭缝后,形成具有一定发散度的特征 X 射线,该 X 射线以一定角度照射到多晶平板样品上,特定晶粒上产生的衍射线将在反射角方位聚焦而形成衍射强峰,聚焦的衍射线经接收狭缝、索拉狭缝、防散射狭缝到达石墨单色器,然后进入检测器,放大后转换为电信号,再由计算机处理为数字信息;由于不同晶体的衍射角不同,为了检测到样品中所有晶体的衍射角,测量过程中,需连续或步进式改变入射方向,同时检测记录衍射角。粉晶 X 射线衍射仪主要由 X 射线发生系统、测角仪光路系统、探测与记录系统、控制及衍射数据采集分析系统四部分构成(胡耀东,2010;张海军 等,2010;杨新萍,2007;周玉 等,2007;刘粤惠 等,2003)。

　　(1) X 射线发生系统的任务是稳定地提供强度可调的 X 射线束,由 X 射线管、高压发生器、管压管流稳定电路和各种保护电路等部分组成。其中 X 射线管为最主要的部件,有密封式和转靶式两种。粉晶 X 射线衍射仪中常用的是密封式 X 射线管,如图 7.9(a)所示。工作时,钨丝在外加低交流电作用下,产生足够大的

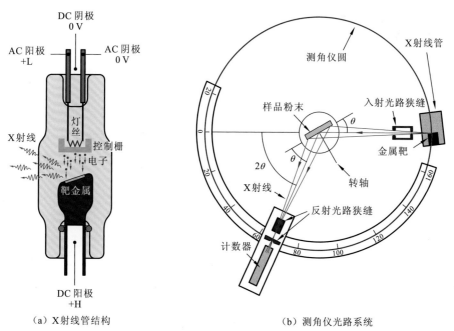

(a) X射线管结构　　　　　　　　　(b) 测角仪光路系统

图 7.9　粉晶 X 射线衍射仪部件示意图(Us Geological Survey,2001)

电流，使电子从表面逸出形成电子云；同时，以钨丝端为阴极、金属靶材端为阳极施加高直流电，在控制栅聚焦下，灯丝上产生的电子以高能高速撞击靶材；撞击过程中，电子的一部分能量转化为连续波长的 X 射线（轫致辐射）和单一波长的 X 射线（靶材元素的特征辐射）。粉晶 X 射线衍射仪利用的是金属靶材的 K_α 特征 X 射线，常以 Cu 和 Mo 作为靶材，既能提供合适的波长又能提供较大的功率。转靶式 X 射线管通过旋转阳极可获得更小的焦斑（小于 100 μm）和更高的射线强度。

（2）测角仪光路系统是保证衍射强峰恰好出现在探测器计数管窗口位置的关键，经典测角仪光路系统如图 7.9（b）所示。X 射线源焦点与探测器计数管窗口分别布置于测角仪圆周上，样品位于测角仪圆心，在入射光路上有固定式索拉狭缝和可调式发散狭缝，在反射光路上有固定式索拉狭缝、可调式防散射狭缝、接收狭缝及单色器。索拉狭缝是一组平行薄金属片光阑，用于限制 X 射线在测角仪轴向方向的发散。发散狭缝用于限制发散光束的宽度，决定了入射 X 射线束在扫描平面上的发散角。接收狭缝用于限制所接收的衍射光束的宽度，以限制待测角度位置之外的 X 射线进入检测器。防散射狭缝用于防止一些附加散射（如各狭缝光阑边缘的散射、光路上金属附件的散射）进入检测器。X 射线经由发射狭缝射到样品上时，晶体中与样品平板表面平行的面网，在符合布拉格条件时即可产生衍射而被计数管接收。粉晶 X 射线衍射仪的测角仪分为卧式和立式两种，通常卧式测角仪中样品平板与计数管以 1∶2 的速度联动（θ-2θ 驱动），而立式测角仪中的样品保持不动，X 射线管和计数管以 1∶1 的速度联动（θ-θ 驱动）。

（3）探测与记录系统用来接收记录衍射花样，通常由 Si（Li）晶体检测器、放大器、脉冲分析器、计数率表等单元电路组成。Si（Li）晶体检测器（工作原理见 7.1.3 小节）和放大器将 X 射线光子能量转换放大为脉冲电压信号后，由脉冲分析器和计数率表根据脉冲幅度进行计数。粉晶 X 射线衍射仪的脉冲幅度分析器为单道脉冲分析器，与 EDS 的多道脉冲分析器原理相似，但单道脉冲幅度分析器采用特定电路只对一定幅度区间内的脉冲电压才有输出响应，因而可以只让波长在 K_α 线附近的 X 射线产生的脉冲信号通过。

（4）衍射仪控制及衍射数据采集分析均通过一台配有粉晶 X 射线衍射仪专用的控制与分析软件的计算机系统以在线方式来完成。控制系统的任务是控制粉晶 X 射线衍射仪的运行，采集粉末衍射数据。衍射数据分析系统的任务是分析衍射图谱。粗晶 XRD 衍射图谱示意图如图 7.10 所示。

每种矿物都具有其特定的 X 射线衍射图谱，样品中某种矿物含量与其衍射峰位置（衍射角）和强度呈正相关，因此通过将样品的衍射图样与标准谱图进行对比，给出与所测样品相吻合的标准谱图信息，即可得出样品的矿物组成。岩石粉晶 X 射线衍射分析分为定性分析和定量分析两类：定性分析指的是对粉晶中测得

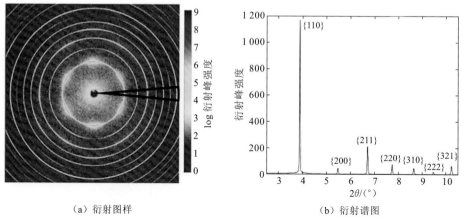

（a）衍射图样　　　　　　　　　　　（b）衍射谱图

图 7.10　粉晶 XRD 图谱（Erinosho et al.，2016）

的点阵平面间距及衍射强度与标准物相的衍射数据相比较，确定材料中存在的物相；定量分析是根据衍射花样的强度，确定粉晶中各矿物晶体的含量。

7.2.3　粉晶 X 射线衍射在 CGUS 研究中的应用

1. 碳酸岩储层岩石矿物量化分析

Al-Jaroudi 等（2007）基于一种相对强度比（relative intensity ratio，RIR）的方法，采用粉晶 XRD 分析手段，对岩石样品中的矿物组分进行了定量分析。该研究中的 700 多个岩样取自阿拉伯半岛上一个碳酸岩 CO_2 潜在储层的不同位置（最深钻井 7 600 ft[①]），主要由方解石、白云石、硬石膏及少量石英构成。

矿物β相对于矿物α的 RIR 定义如式（7.6）所示：

$$RIR_{\alpha\beta} = (I_\alpha / I_\beta) \cdot (X_\beta / X_\alpha) \tag{7.6}$$

式中：I_α 或 I_β 为矿物α或β的积分强度（XRD 谱峰下的面积）；X_α 或 X_β 为矿物α或β的质量分数。

通过已知矿物组分和含量的混合物标准样的粉晶 XRD 线谱，可计算出不同矿物相互参照的 RIR。但是由于不同来源的纯矿物衍射线谱也存在一定差异，需要从相同储层的岩样中提取出纯矿物，通过称重、混合、碾磨成粉末制备成矿物组分和含量的已知同源标准样，根据混合物标准样的 XRD 衍射结果，计算不同矿物的 RIR。图 7.11（a）和（b）显示了来自标准矿物库的纯方解石样品与来自储层的纯方解石样品，其衍射线谱不完全相同，可能与成矿机理有关。图 7.11（b）～（d）

---

① 1 ft = 3.048×10⁻¹。

分别为储层方解石、硬石膏、白云石纯矿物的粉晶 XRD 线谱。图 7.11（e）和（f）为根据不同比例方解石–硬石膏或方解石–白云石混合物标准样的 XRD 结果，拟合得出的方解石相对硬石膏或白云石的 RIR（斜率），分别为 0.326 3 和 0.306 0；根据式（7.6）的定义，方解石相对自身的 RIR 为 1。

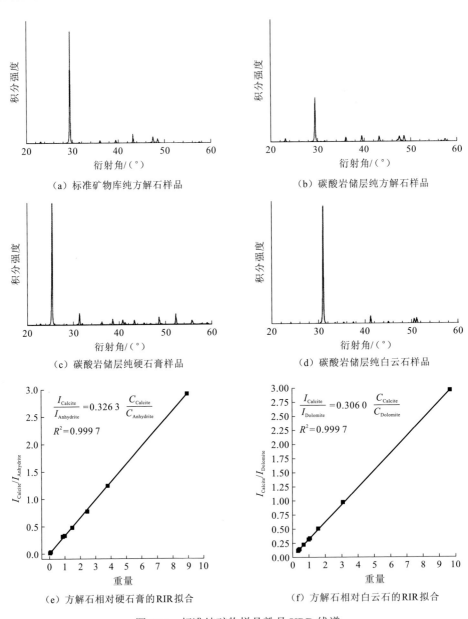

（a）标准矿物库纯方解石样品　　　　（b）碳酸岩储层纯方解石样品

（c）碳酸岩储层纯硬石膏样品　　　　（d）碳酸岩储层纯白云石样品

（e）方解石相对硬石膏的 RIR 拟合　　　　（f）方解石相对白云石的 RIR 拟合

图 7.11　标准纯矿物样品粉晶 XRD 线谱

对于未知成分的碳酸岩储层岩石样品，在已知主要矿物 RIR 的前提下，可通过衍射峰的位置确定矿物类别，其质量分数可由式（7.6）反推。首先，以同源的纯方解石作为参照矿物α，则岩样中方解石质量分数为岩样 XRD 线谱上方解石积分强度与同源纯方解石 XRD 线谱积分强度之比，这称为外参照法。其次，以岩样中的方解石作为参照矿物α，则岩样中白云石或硬石膏的含量可直接根据岩样 XRD 线谱上方解石积分强度与岩样 XRD 线谱上白云石或硬石膏的积分强度，及白云石或硬石膏的 RIR 计算得出，这称为内参照法。根据组成岩样的各矿物密度 ρ_i 及基于 RIR 方法计算的含量（质量分数 ω_i），可计算岩样的平均密度 ρ_s，如式（7.7）所示：

$$\rho_s = 1 / \sum (\omega_i / \rho_i) \tag{7.7}$$

2. SO_2 与 O_2 对碳封存储层岩石的地质化学作用

为探索氧气锅炉的未脱硫废气（含 82% CO_2、4% SO_2、4% O_2、2% N_2、6% Ar）注入储层后对碳酸岩的地质化学作用，Renard 等（2014）利用如图 7.12（a）所示的反应釜，模拟储层 150 ℃和 100 个标准大气压的温度和压力，结合多种固（XRD/SEM/TEM/EDS）、液（ICP-OES/MS）、气（拉曼）成分分析手段，研究取自 4 600 m 深的碳酸岩储碳层的岩样在 25 g/L 的盐水和混合气体中的反应活性。用于反应的碳酸岩样品如图 7.13（a）和（c）（反应前）所示，所选样品均有明显的基质裂隙分界，表面均进行了剖光。为与盐水和 CO_2 对碳酸岩的作用相比较，该实验设计了只充 N_2 的空白组，以及只充 CO_2 和充混合气体的两个实验组，空白组及实验组的反应均持续 1 个月。

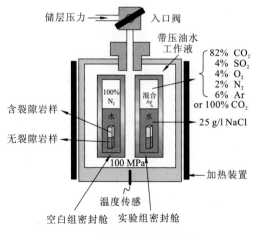

（a）实验装置示意图

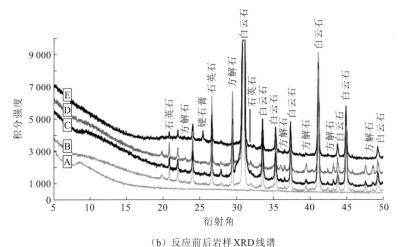

（b）反应前后岩样XRD线谱

图 7.12　碳酸岩在碳封存环境下反应活性研究的

A.样品台（无样品）；B.反应前样品；C.空白组样品；D.CO₂组样品；E.混合气体组样品

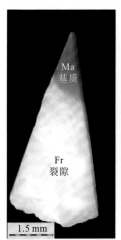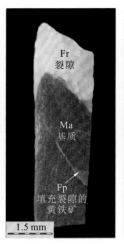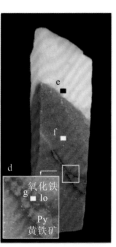

（a）混合气体组反应前样品　（b）混合气体组反应后样品　（c）CO₂组反应前样品　（d）CO₂组反应后样品

图 7.13　碳酸岩样品

　　用反应前后的岩样制成粉末进行粉晶 XRD 分析，得到如图 7.12（b）所示的线谱，其中 A 谱为标准，B 谱为反应前样品，C 谱为 N₂（空白）组反应后样品，D 谱为 CO₂组反应后样品，E 谱为混合气体组反应后样品。比较 C 谱与 B 谱，可发现两衍射谱形状非常接近，谱峰位置和 RIR 几乎没有变化，说明空白组样品不与 N₂反应，样品表面保持光滑，无化学反应痕迹。XRD 线谱中，D 谱与 B 谱的差异也不明显，但从 CO₂组样品反应后的显微图上[图 7.13（d）]可见充填于裂隙中的黄铁矿界面上发生了明显变化，其他区域并无明显反应迹象。由于这种局部反应影响的区域小，其产物粉末在反应后碳酸盐样品中所占比例很小，以致无法在 XRD 线谱上体现。因而，Renard 等（2014）采用 SEM/TEM-EDS 联用方法，对图 7.13（d）上 e/f/g 三处进行了局部分析，发现 g 处产物主要为氧化铁，并伴有无定形二氧化硅，而 f 处的黄铁矿完全没有变化，e 处的碳酸盐类在表面生成少量结晶。图 7.12（b）的 E 谱与 B 谱有较大差异，最显著的变化是方解石谱峰的消失和硬石膏谱峰的出现，此外伊利石的峰强度也明显降低了。混合气体组的样品在实验中沿裂隙和基质界面分离成两段[如图 7.13（b）所示]，基质部分由灰色变成浅褐色。SEM 的观察也证实了导致样品分离的裂隙起源于界面的方解石上，分离的壁面上[图 7.13（b）上 a/b 处]覆盖着硬石膏，此外，硬石膏鳞屑也稀疏地分布于样品表面。TEM-EDS 的观察也发现，反应后样品的黏土矿物（伊利石）中 K、Na 和 Mg 元素减少，Al、Si 和 Fe 元素增加。

此案例中，Renard 等（2014a）仅以 XRD 对矿物定性分析。在 7.1.4 小节的第一个案例中，Zhang 等（2013）运用 XRD 对反应后水泥中的碳酸盐类矿物进行了定量分析；而 7.1.4 小节的第二个案例中 Nakano 等（2014）也利用 XRD 对反应前样品粉末进行了定量分析，反应后又运用一种非扰动微面扫描 XRD 技术，对反应后的微表面进行了矿物定量分析。不难发现，在这类表征表面化学变化的研究中，SEM、EDS 和 XRD 通常联合使用，相互佐证，以得到最佳的定性和定量分析结果。

7.2.4　工业 X 射线电子计算机断层扫描原理与结构

X 射线电子计算机断层扫描（X-ray computer tomography，XCT）是通过对物体进行不同角度的 X 射线投影测量，获取物体 X 射线衰减系数的空间分布信息，从而形成表现材料结构差异的三维成像技术。目前，常用的 XCT 系统分为医学 XCT 和工业 XCT 两种；医学 XCT 一般采用扇形 X 线束和线阵探测器构造，通过旋转射线源实现不同方向的扫描；工业 XCT 通常采用锥形 X 线束和面阵探测器，通过旋转样品来实现不同视角的投影成像。这里主要就岩心样品检测分析常用的工业 XCT 系统进行简要介绍。

工业 XCT 系统的工作原理为：由 X 射线管发出的锥形单色 X 线束照射到测试样品上，X 射线透过材料后其透射强度发生变化，样品后方的探测器接收透射的 X 射线，将其转换为投影图像信号，再由图像采集系统将投影图像信号数据存储到计算机上；扫描过程中，样品在工作台上绕轴心按一定步距旋转 360°，从而获得不同视角下的投影图像信号，360°扫描结束后，采用各类图像重构算法重构出断层序列图像。工业 XCT 系统一般由以下四部分组成：射线源、机械扫描系统、探测系统、计算机系统等（图 7.14）（张定华，2010；张朝宗，2009）。

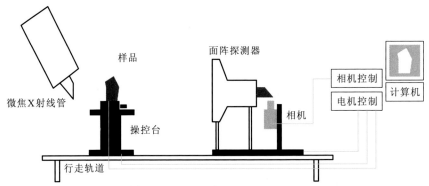

图 7.14　X 射线 XCT 系统示意图（Bronnikov et al.，1999）

（1）射线源的任务是为 XCT 系统提供持续稳定的 X 射线供应，主要部件为 X 射线管。为提高检测分辨率，工业 XCT 系统多搭载转靶式微焦 X 射线管，其工作原理与密封式 X 射线管类似，但其靶面工作时能高速旋转，因而功率密度更高、焦点更小，可以提供焦斑尺寸小于 100 μm（最小至 1 μm）的射线束。

（2）机械扫描系统的任务是实现样品沿三个坐标方向的平移及绕轴 360° 旋转，并实时反馈样品的运动位置信息至计算机上。通常样品固定于水平操控台上，扫描前需调试合适的坐标位置，保证检测区域在 360° 旋转过程中的投影完全落于探测器上，然后固定坐标位置，扫描时样品绕轴按一定角步距旋转。

（3）探测系统的任务是测量接收的 X 射线能量，并将之转换为可供记录的（图像）电信号。工业 XCT 系统多采用基于图像增强器的面阵成像系统或非晶硅平板探测器。图像增强器面阵成像系统利用闪烁体将 X 射线转换成可见光，可见光照射在与闪烁体紧贴的光电阴极上激发出密度与可见光亮度相当的电子，电子经加速聚焦后轰击后闪烁体，后闪烁体产生的可见光由透镜耦合到电子耦合器件（charge-coupled device，CCD）相机上，CCD 相机获得的图像信号再存入计算机中。非晶硅平板探测器则利用闪烁体将 X 射线光子转换为可见光，再由非晶硅薄膜晶体管（光电二极管）阵列转换为电信号，该电信号经放大和模数转换后存入计算机。

（4）计算机系统的主要任务是负责部件控制、数据采集和数据处理等，主要是对射线源、机械扫描系统驱动电机的控制，投影数据的采集和传输，以及由投影数据重构断层序列图像。

XCT 系统最核心的性能指标为空间分辨率和密度分辨率（衬度）。空间分辨率是设备分辨相互紧密靠近物体的能力；密度分辨率是分辨给定面积上映射到 XCT 图像上射线线性衰减系数差别的能力。根据我国国家标准《工业计算机层析成像（CT）指南》（GB/T 29034—2012），空间分辨率是指物体与匀质环境的 X 射线线性衰减系数的相对值 > 10%时，XCT 图像能分辨该物体的能力；而密度分辨率是指物体与匀质环境的 X 射线线性衰减系数的相对值 < 1%时分辨该物体的能力。

7.2.5　工业 X 射线电子计算机断层扫描在二氧化碳地质利用与封存研究中的应用

1.碳封存环境下石灰岩的溶解

为探索微米尺度下，岩石孔隙中的反映渗流过程，Lebedev 等（2017）利用一套原位 CT 化学反应渗流实验系统（图 7.15），模拟储层环境，对与盐水及 CO_2 饱和盐水反应渗流后的石灰岩样品进行 CT 扫描。反应渗流实验系统的围压为 15 MPa，孔隙水压为 10 MPa，温度为 50 ℃。系统压力由 4 台高精度高压柱塞泵实现。温度通过在管路上布置加热外壳实现。所用盐水为 5 %氯化钠。CO_2 饱和盐水由盐水与超临界 CO_2 在高温高压反应釜中充分搅拌制成，pH 约为 3.1。

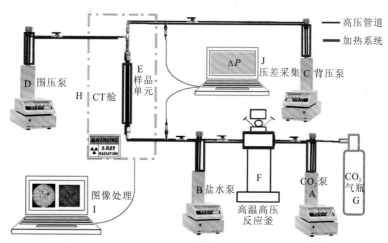

图 7.15　高温高压化学反应渗流原位 CT 系统示意图

实验开始前，样品及管道进行了 24 h 抽真空，采用 3.43 μm 和 1.25 μm 两种分辨率扫描了干燥样品。盐水反应渗流组在 100 PV（PV 为样品中孔隙总体积）的注入量后开始 CT 扫描，CO_2 饱和盐水组在 360 PV 注入量后开始扫描，实验后样品也采用了 3.43 μm 和 1.25 μm 两种 CT 分辨率扫描。样品的 CT 二维断层如图 7.16 所示，其中图 7.16（a）～（c）为 3.43 μm 分辨率下观察的样品，图 7.16（d）～（f）为 1.25 μm 分辨率下观察的样品。从图 7.16 可知，盐水组的样品变化非常微小，而 CO_2 饱和盐水组的样品可观察到显著的溶解。图 7.17 示意了根据 3.43 μm 分辨率的二维 CT 断层序列重构的样品孔隙、基质和有效孔隙的三维结构。基于图像计算得出，在 3.43 μm 分辨率下，盐水组的绝对孔隙率为 11.6%，有效孔隙率为 1.9%；CO_2 饱和盐水组的绝对孔隙率为 14.8%，有效孔隙率 7.2%。在 1.25 μm 分辨率下，盐水组的绝对孔隙率为 20.3%，有效孔隙率为 15.7%；CO_2 饱和盐水组的绝对孔隙率为 41.4%，有效孔隙率为 39.0%。

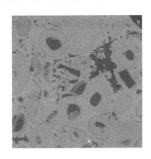

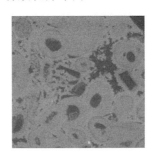

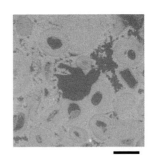

0.27 mm

（a）分辨率 3.43 μm 干燥样品

（b）分辨率 3.43 μm 盐水驱替后样品

（c）分辨率 3.43 μm CO_2 饱和盐水驱替后样品

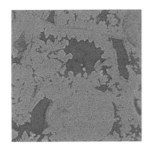

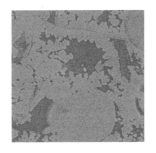

0.1 mm

（d）分辨率 1.25 μm 干燥样品

（e）分辨率 1.25 μm 盐水驱替后样品

（f）分辨率 1.25 μm CO_2 饱和盐水驱替后样品

图 7.16　石灰岩样品二维 CT 断层

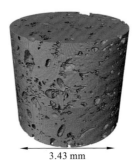

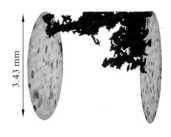

3.43 mm

3.43 mm

3.43 mm

（a）盐水驱替后样品的孔隙

（b）盐水驱替后样品的基质

（c）盐水驱替后样品的有效孔隙

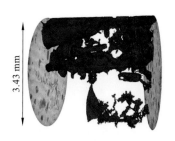

（d）CO₂饱和盐水驱替后样品的孔隙 　　（e）CO₂饱和盐水驱替后样品的孔隙 　　（f）CO₂饱和盐水驱替后样品的有效孔隙

图 7.17　石灰岩三维重构（基于分辨率 3.43 μm 的 CT 图）

2. 储层对 CO_2 的毛细捕集成像

Iglauer 等（2011）为了证实孔隙尺度的 CO_2 捕集作用，采用原位驱替 CT 实验系统，实现驱替岩心的 CT 成像。实验采用砂岩样本，驱替温度为 50 ℃，孔隙水压为 9 MPa，围压为 11.75 MPa。实验中，首先以含 10 % KI 的盐水（KI 用于提高盐水对比度，以下提及盐水均含相同剂量的 KI）饱和岩心，再以 CO_2 饱和盐水驱替盐水，经 1 000 PV 的注入量后，以超临界 CO_2 排出盐水；经 1 000 PV 的超临界 CO_2 驱替后，进行 CT 扫描，扫描结束后，又注入 50 PV 的 CO_2 饱和盐水排出超临界 CO_2，再开展 CT 扫描。超临界 CO_2 驱替盐水结束后的岩心二维 CT 断层图像如图 7.18（a）所示，图像处理后的对应二维断层上基质、盐水和超临界 CO_2 的分布如图 7.18（b）所示，三维超临界 CO_2 簇结构如图 7.18（e）所示；CO_2 饱和盐水驱替超临界 CO_2 结束后的岩心 CT 图像如图 7.18（c）所示，图 7.18（d）为对应图 7.18（c）的基质、盐水和超临界 CO_2 的重构图像，图 7.18（f）为盐水驱替 CO_2 后残留于孔隙中的超临界 CO_2 簇的部分三维图。

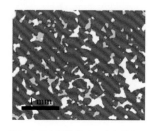

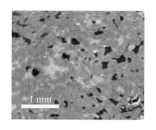

（a）超临界CO₂驱替盐水后样品的二维CT断层 　（b）由（a）重构的CO₂（白色）、盐水（蓝色）和基质（棕色）　（c）CO₂饱和盐水驱替超临界CO₂后样品的三维CT断层扫描结果

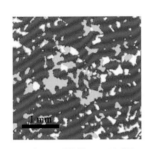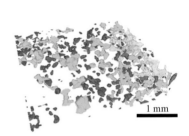

（d）由（c）重构的 CO_2（白色）、　　（e）超临界 CO_2 驱替盐水后样品　　（f）CO_2 饱和盐水驱替超临界 CO_2 后样
　　　盐水（蓝色）和基质（棕色）　　　　捕集的 CO_2 簇（颜色代表簇　　　　品捕集的 CO_2 簇（颜色代表簇大小）
　　　　　　　　　　　　　　　　　　　　　大小）

图 7.18　砂岩岩心驱替中的原始 CT 图像和重构图像

　　由图 7.18 中 CO_2 簇的分布可发现，盐水作为润湿相与砂岩表面直接接触，并占据大部分较小的孔隙，超临界 CO_2 作为非润湿相存于较大孔隙的中间位置，四周被盐水环绕。Iglauer 等（2011）还统计了残余超临界 CO_2 簇的大小和数量分布，如图 7.19 所示。图 7.19（a）展示了不同像素大小的 CO_2 簇的形状，这些残留 CO_2 占据了 25%的孔隙空间，说明砂岩的毛细捕集作用非常显著。图 7.19（b）描绘了不同像素大小 CO_2 簇的统计分布特征，$n(s)$ 表示簇大小大于 s 的 CO_2 簇的数量占簇总数的比例，$S(s)$ 代表簇大小大于 s 的 CO_2 簇的体积占簇总体积的比例。与 Iglauer 等（2010）在常温常压下以正辛烷–盐水体系模拟的实验结果比较可得，超临界 CO_2 的残余饱和度较正辛烷模拟实验值低，小簇的数量少，同体积范围内簇的像素大小分布广，说明超临界 CO_2 比表面积较大，有利于封存。

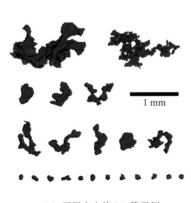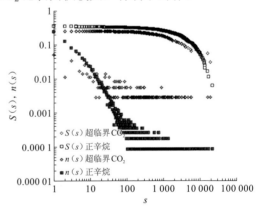

（a）不同大小的 CO_2 簇示例　　　（b）不同大小 CO_2 簇的数量和体积分布规律，CT实验
　　　　　　　　　　　　　　　　　　　结果与正辛烷模拟实验结果的比较

图 7.19　砂岩样品捕集的 CO_2 簇的统计特征

7.3　聚焦离子束扫描电镜

当前，FE-SEM 对样品形貌的表征尺度可达 1 nm，但仅限于二维观察；X 射线 CT 尽管可以进行三维结构成像，但分辨率较低（普遍 1 μm，纳米 CT 最高可达 30 nm，但纳米 CT 设备昂贵，应用较少）。一些储层岩石（如页岩）或水泥内存在大量发育的纳米级孔隙，上述两种设备无法满足这类样品三维结构分析的要求。FIB-SEM 在 FE-SEM 的高分辨率表面结构表征能力上融合了聚焦离子束的纳米加工处理能力，可实现纳米尺度三维结构成像分析。7.1 节已有 SEM 的介绍，下文将侧重阐述 FIB 的原理、结构，同时介绍 FIB–SEM 在相关领域的应用。

7.3.1　离子与物质的相互作用

离子与物质的相互作用包含散射、注入、溅射、再释、表面损伤、光发射、电子发射、电离中和、表面化学反应及表面热效应等一系列基本过程（丁富荣 等，2004）。图 7.20 以 Ga 离子束为例，示意了离子与物质作用过程。

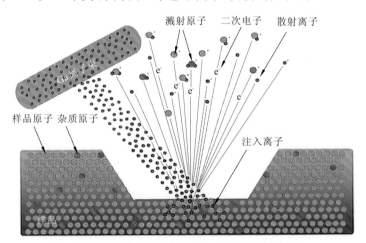

图 7.20　Ga 离子束与物质作用示意图

溅射指的是入射离子与物质表面原子发生碰撞时，将能量传递给原子，若传递的能量足以使被碰撞的原子脱离表面束缚，则该原子将被弹射出材料表面，形成中性原子溅射。溅射产额，即单位时间单位面积上溅射原子数与入射离子数之比，一般与入射离子种类、能量、质量、电子组态、入射角度，以及表面原子的原子量、电子结构、晶体结构、晶面取向、表面原子结合能及表面粗糙度等有关。注入效应包括入射离子的注入效应和表层原子的反冲注入效应，指的是入射离子或经受一次碰撞的表层原子在多次弹性或非弹性碰撞后滞留于体内某处，引起材料表面成分、结构和性能发生变化。离子注入的深度分布随入射离子的种类能量入射角等变化。

散射指的是离子与固体表面原子发生碰撞后被反弹回来的一部分离子。入射离子损失的能量主要同入射离子及靶原子的质量有关。

离子激发 X 射线、俄歇电子及二次电子指的是表面原子经 X 射线碰撞后被激发或者电离电子，产生表面二次电子发射，被激发或电离的靶原子由激发态返回普通态时，可能发射出特征 X 射线或俄歇电子。

离子束的溅射效应常被用于样品表面加工、剥离和清洁，当使用离子束作表面剥离或清洁时，需要注意注入效应可能引起的表面性质的改变。此外，离子束轰击物质可激发一系列表面化学反应，还可用于在样品表面沉积金属或非金属材料。尽管离子束轰击样品产生的二次离子及二次电子也可以用于成像，但表现形貌结构和成像分辨率方面的性能远不及 SEM。

7.3.2 聚焦离子束扫描电镜原理与结构

传统 FIB-SEM 采用图 7.21（a）的连接方式，离子束与电子束成 52°～54°角，同时离子束聚焦在样品表面待分析区域，在使用离子束逐层剥离样品的同时，使用电子束实时扫描剥离表面，如图 7.21（b）所示，利用电子束产生的分辨率高二次电子像，原位观察样品截面和表面信息，同时利用电子束激发样品的特征 X 射线，可对各层截面进行化学成分分析（朱和国 等，2013；彭开武，2013；于华杰 等，2008）。当进行沉积或增强刻蚀时，可启用气体注入系统，通过毛细管诱导至样品表面，以 W、Pt、C、SiO_x 等气体离子源作为沉积气体，以 XeF_2、H_2O 等作为增强刻蚀气体。一些 FIB-SEM 也采用电子柱与离子柱互成直角的布置，以离子柱平行加工截面，电子柱垂直观察截面，以避免倾斜电子束成像导致的截面图像变形及连续采集图像时样品偏离视野的问题。大多数 FIB-SEM 提供多轴控制样品台，可在计算机控制下实现平动（x、y、z 轴）、旋转（r 轴）及倾转（t 轴）运动，使样品定位更准确。为避免离子束受周围气体分子的影响，离子柱需工作在 10^{-6}～10^{-5} Pa 的高真空条件下，因而 FIB-SEM 样品室的真空度比 SEM 的要求更严格。对于岩心/水泥类样品，要求样品为干燥块状固体或固体薄膜；厚度不宜过厚，表面宜磨平抛光；样品应具有良好的导电性、导热性，非导电性样品须在表面喷镀导电膜。

离子柱是 FIB 系统的核心，其结构与电子柱非常类似，主要由液相金属离子源、聚焦装置、束流孔径限制装置、偏转装置及保护和校准部件等组成，如图 7.21（c）

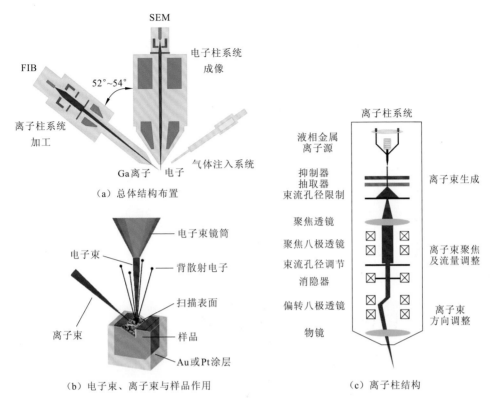

图 7.21　FIB-SEM 系统示意图（Alexander et al.，2015；Briggman et al.，2012）

所示。商业化 FIB 的液态金属离子源通常使用低熔点的 Ga 作为离子源，在离子柱顶端的液态 Ga 离子源在抑制器的强电场作用下，可形成细小尖端（约为 5 nm），在抽取器的负电场牵引下发射离子束。由于离子质量大，发射速度较小，离子束发散（同电荷排斥）显著，往往使用多个静电聚焦透镜组对离子束进行聚焦，抑制能量色散，随后通过束流孔径调节装置和消隐器调整离子束大小或关闭离子束。通过可控四极或八极偏转装置及物镜实现离子束方向的控制，将离子束聚焦在样品上。目前，离子束斑直径已可达到几纳米，计算机在加工图形程序控制下调节束闸（束流孔径调节装置和消隐器）和偏转装置，将高能离子束聚焦在样品表面逐点轰击，加工出特定图案。

7.3.3　聚焦离子束扫描电镜在二氧化碳地质利用与封存研究中的应用

FIB-SEM 成像分辨率非常高，但同时也限制了样品分析区域的大小，通常不超过几十微米，此外，由于其成像成本很高，FIB-SEM 在地质领域的应用起步晚，且研究较少，主要围绕非常规页岩气开采相关研究，应用于页岩纳米级孔隙结构的表征。此外，煤、致密砂岩、水泥等样品中也大量存在着孔径几十至几百纳米的孔隙，也可用 FIB-SEM 进行三维表征。

1.页岩纳米级孔隙结构表征

天然气主要蕴藏于页岩内发育的纳米级孔裂隙中，或吸附于页岩内有机物的活性表面。为获得页岩三维储气结构，量化页岩孔隙的分布特征，马勇等（2014）利用 FIB-SEM 分析了页岩样品的三维矿物分布和孔隙结构。样品经自动靶面处理机磨平后，再在离子减薄仪里进行氩离子抛光，随后用导电胶固定在样品台上，并在观察区上喷涂铂金以增加页岩表面导电性。FIB-SEM 采用背散射成像模式，对样品 10 μm×10 μm 的区域进行了连续 20 h 的切割扫描，每层切割厚度 10 nm，每片背散射图像的分辨率为 4 nm。其切割扫描及成像过程如图 7.22 所示。

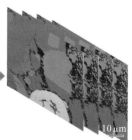

（a）FIB 采集的样品图像，样品刚开始切割时图像　（b）FIB 采集的样品图像，样品切割完成时图像　（c）SEM 采集的背散射图像

图 7.22　FIB-SEM 连续切割成像过程

利用扫描获得的 501 张连续背散射图片重构了长宽高为 6.827 μm×5 μm × 5.893 μm 的三维页岩结构，并从中分离了有机质、孔隙和黄铁矿，同时根据重构的孔隙分别统计出孔隙在不同半径区间内的数量和体积，如图 7.23 所示。

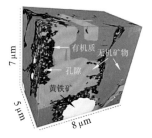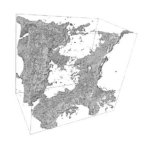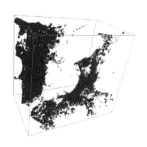

（a）三维重构页岩　　　　（b）有机质　　　　（c）孔隙

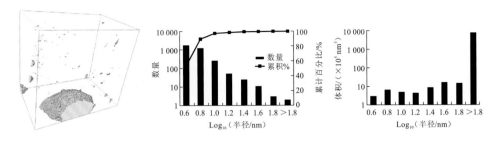

（d）黄铁矿　　　　　（e）孔隙数量分布　　　　　（f）孔隙体积分布

图 7.23　FIB-SEM 背散射电子像重建三维页岩结构

2. 烟煤与无烟煤孔裂隙的多尺度表征

Li 等（2017）采用 FIB-SEM 结合 μ-CT 的三维结构分析技术，研究了烟煤与无烟煤内部从纳米到微米尺度的孔裂隙结构。FIB-SEM 样品为 0.5 cm×1 cm×1 cm 的小立方体煤块，经抛光、烘干后，在表面涂上碳层以防止静电。μ-CT 的样品为直径约 2.0 mm、高约 5.0 mm 的圆柱，表面封蜡，以防止水分蒸发对仪器的影响。图 7.24 为 FIB-SEM 和 μ-CT 重构的烟煤和无烟煤图像，灰色部分为基质，白色部分为矿物，黑色部分为孔隙；FIB-SEM 图像分辨率为 14.8 nm，μ-CT 图像分辨率为 1 μm；烟煤的 FIB-SEM 图像大小为 15.14 μm×5.11 μm×4.04 μm，无烟煤的 FIB-SEM 图像大小为 15.0 μm×12.95 μm×3.94 μm，烟煤的 μ-CT 图像大小为 246 μm×312 μm×621 μm，无烟煤的 μ-CT 图像大小为 276 μm×162 μm×439 μm。图 7.25 为从烟煤和无烟煤图像中分离的三维孔隙，不同颜色代表不同的孔径尺度。FIB-SEM 图像解析出的烟煤孔隙率为 0.279%，无烟煤为 4.194%；CT 图像得出的烟煤孔隙率为 0.829%，无烟煤为 1.888%。比较 FIB-SEM 孔隙图像 [图 7.25（a）（c）] 可发现，烟煤的孔隙连通性较无烟煤的孔隙连通性差。在重构孔隙图像的基础上，Li 等进一步开展了孔径大小的统计分析，通过联合 FIB-SEM 解析的孔径小于 1 000 nm 的孔隙和 μ-CT 解析的孔径大于 1 000 nm 的孔隙，得到了烟煤和无烟煤从纳米到微米尺度的全孔径分布特征。

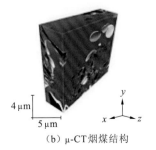

（a）FIB-SEM烟煤结构　　　　　（b）μ-CT烟煤结构

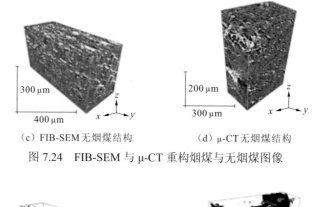

（c）FIB-SEM无烟煤结构　　　　（d）μ-CT无烟煤结构

图 7.24　FIB-SEM 与 μ-CT 重构烟煤与无烟煤图像

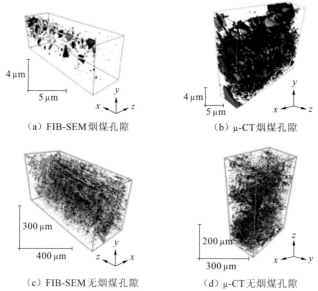

（a）FIB-SEM烟煤孔隙　　　　（b）μ-CT烟煤孔隙

（c）FIB-SEM无烟煤孔隙　　　　（d）μ-CT无烟煤孔隙

图 7.25　FIB-SEM 与 μ-CT 重构烟煤与无烟煤孔隙

7.4　电感耦合等离子质谱

　　当前，地学研究和地质调查对分析技术提出了越来越高的要求，一方面测定的元素越来越多，另一方面要求的测定限越来越低。ICP-MS 分析灵敏度高，在衡量元素分析中发挥着重要作用，因而特别适用于基体复杂、测定元素种类多、检测限较低、样品数量大的地球化学勘探样品。下文将对 ICP-MS 的原理、结构及应用进行简要阐述。

7.4.1　电感耦合等离子质谱原理与结构

ICP-MS 是以电感耦合等离子体（inductively coupled plasma，ICP）作为离子源，以质谱（mass spectrum，MS）进行检测的一种无机多元素分析技术。ICP-MS 的工作原理为：样品溶液由载气带入雾化系统进行雾化后，以气溶胶的形式进入等离子体的轴向通道，其在高温和惰性气体中被充分蒸发、解离、原子化和电离，转化成带电荷的正离子经离子采集系统进入质谱仪，质谱仪根据离子的质荷比即元素的质量数进行分离，并定性、定量的分析（葛红梅，2016）。在一定浓度范围内，元素质量数上的响应值与其浓度成正比，通过与标准溶液进行比较，可定量得出样品中各元素的含量（国家药典委员会，2015）。

图 7.26 为 ICP-MS 结构示意图，主要由以下几部分组成：进样系统、离子源、离子输送聚焦系统、碰撞反应池、质量分析器、检测器。此外，仪器中还配置真空系统、冷却系统、气体管路，以及用于仪器控制和数据处理的计算机系统（李冰，2005；刘虎生 等，2005）。

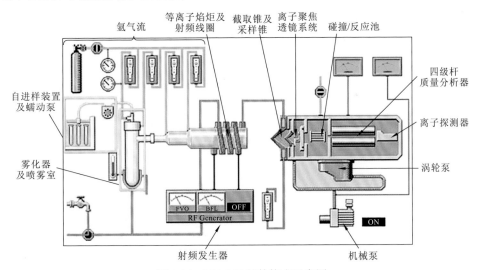

图 7.26　ICP-MS 硬件构成示意图

以溶液气溶胶进行系统为例（UT Austin，2018）

（1）进样系统的作用是将样品引入 ICP 矩管，要求样品以气体、蒸汽和细雾滴的气溶胶或者固体小颗粒的形式引入中心通道气流中。按样品引入方式的不同，进样系统主要分为溶液气溶胶进样系统、气化进样系统和固体粉末进样系统三类。溶液气溶胶进样系统由蠕动泵、雾化器和雾室组成（图 7.26），是最常用的溶液样品进样方式。气体进样系统的工作方式为：样品溶液通过蠕动泵进入雾化器，在

129

氩气流的作用下产生大量样品溶液的气溶胶，通过雾化室后小于 10 μm 的气溶胶颗粒随氩气到达 ICP 矩管。气化进样系统可采用的气化方法包括氢化物发生器、电热气化、激光剥蚀、气相色谱等。其中，激光剥蚀是直接分析固体样品最高效的进样方法，该方法也称激光剥蚀电感耦合等离子体质谱法（laser ablation-inductively coupled plasma-mass spectrometry，LA-ICP-MS），通过高能激光将样品表面熔融、溅射和蒸发，以产生可被载气直接带入 ICP 的蒸汽和细微颗粒。固体粉末进样系统可采用粉末或固体直接插入或吹入等离子体进样。

（2）离子源由矩管与射频线圈组成。矩管内以氩气作为工作气体，在射频线圈作用下产生高温等离子体（温度高达 8 000~10 000 K），样品进入等离子体中心区后 80%以上的元素可以发生一级电离，形成单电荷正离子。ICP 具有单电荷离子产率高，双电荷离子、氧化物及其他多原子离子产率低的特点，是非常理想的离子源。

（3）接口部分有采样锥和截取锥两部分。由于 ICP 工作于常压高温状态下，而质谱仪工作于高真空常温条件下，接口部分的功能是利用采样锥将等离子体中的离子束吸入一级真空室，并在一级真空区形成超声射流，再利用截取锥获取射流的中心一部分（约 1%），让其进入下一级真空区的离子聚焦系统。

（4）离子聚焦系统由一组静电透镜组成，其作用是将进入二级真空区离子束中的杂质粒子（中性粒子和电子）排除，实现对正离子的提取、偏转、聚焦和加速。

（5）碰撞/反应池是一个封闭的池体，池内可充气加压，通过气体与离子束结合消除多原子离子的干扰，工作在反应或碰撞两种模式下。反应模式下，池内 $O_2/H_2/NH_3$ 与干扰物质反应，将其转化为其他粒子。碰撞模式下，池内 He 与粒子碰撞，使其能量降低；由于干扰多原子离子体积较大，碰撞次数比待测离子更多，从而会失去更多的能量，通过能量歧视可将低能离子和高能的待分析离子分离。

（6）质量分析器的作用是对进入分析器真空区的离子根据其荷质比进行分离。ICP-MS 中应用最为广泛的质量分析器是四极杆分析器，其工作原理为：通过在两对电极上分别施加正负直流电压和相位差 180°的射频信号，使离子在四极杆中旋转、振荡，当合理设置直流电压的大小和射频电压的幅度后，只有特定荷质比范围的离子才能通过四极杆，而其他离子将偏转，最终打在四极杆上损失掉，从而实现了质量选择。

（7）检测器的作用是采用电子倍增器将离子转换成电子脉冲计数，电子脉冲的大小与样品中目标分析离子的浓度有关。电子倍增器的工作原理是：当一个阳离子进入检测器的入口时，便被偏离打到施加了高负电压的打拿极上，打拿极表面受撞击释放出一些自由电子，这些电子再撞击下一个打拿极表面，产生更多的电子，不断重复，直至到达最后一个打拿极，由此产生足够大的脉冲信号以被检测，实现离子计数（环境保护部，2014）。

ICP-MS 具有多元素快速分析、灵敏度高、背景低、检出限低的优点，但也有一些元素无法通过 ICP-MS 检测，而且 ICP-MS 对不同元素的检出限不同。图 7.27 为某品牌两种型号的 ICP-MS 对不同元素的检出限，以供读者参考。

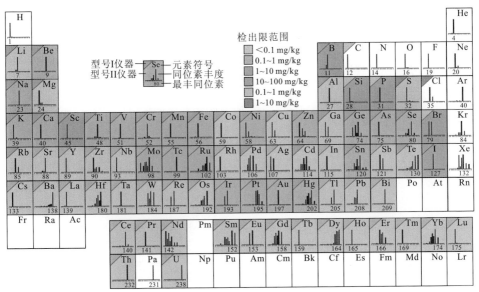

图 7.27　某 ICP-MS 对不同元素的检出限

7.4.2　电感耦合等离子质谱在二氧化碳地质利用与封存研究中的应用

通常处理地质样品可采用溶液气溶胶进样方式或者激光剥蚀进样方式。溶液气溶胶进样方式主要针对地质样品中的可溶性元素的水样，用 0.45 μm 孔径有机微孔滤膜过滤后，对样品进行稀释或浓缩，再加硝酸将样品酸化至 pH ≤2，即可上机测定。若需进行元素总量分析时，通常可采用微波消解法和电热板消解法对固体样品进行预处理。以 ICP-MS 分析可溶性元素的水样最常见，如 7.2.3 节案例 2 中，Renard 等（2014）使用 ICP-MS 分析了反应后空白组、CO_2 组和混合气体组溶液中的 Na、Ca、Mg、Fe、Al、K、Ba、Sr 等元素的含量。激光剥蚀进样方式可直接分析固体样品中的元素，EDS 对固体样品的检出限为 10^{19}～10^{20} 原子数量/cm^3，而 LA-ICP-MS 的检出限约为 10^{15} 原子数量/cm^3，比 EDS 灵敏 4～5 个数量级。

Chirinos 等（2014）使用 LA-ICP-MS 结合激光诱导击穿光谱（laser induced

breakdown spectroscopy，LIBS）（以补充 ICP-MS 无法检测或灵敏度低的元素）分析稀有金属矿物样品内的元素含量，对样品的元素含量进行了二维/三维成像。通过高精度样品移动台（x，y，z 移动精度 100 nm）实现激光在样品上的精确定位，每脉冲激光作用的坑洞直径为 35 mm，深度为 3 mm，采样间距为 50 mm，以避免坑洞重叠。通过层层剥离的方式，共分析了 5 层深度，每层均采用 10×10 的采用矩阵，对应采样面积为 0.785 mm×0.785 mm。由 LA-ICP-MS 测绘的 Ce、La、Nd、Pb、Mn、Fe、U 元素含量的二维/三维图像如图 7.28 所示。

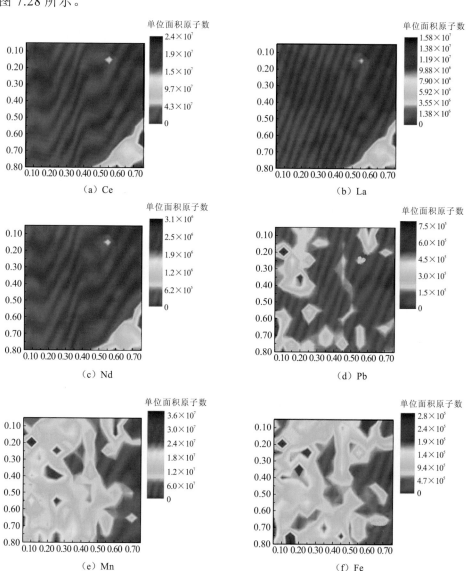

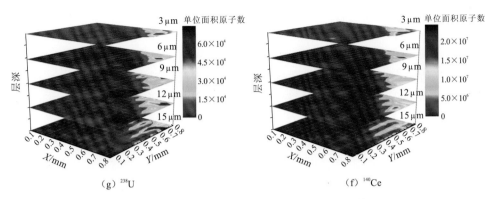

图 7.28　LA-ICP-MS 测绘的稀有金属矿物样品元素含量二维/三维图像（Chirinos et al.，2014）

7.5　核磁共振成像

MRI 以岩心内流体（含 ^1H）为观测对象，具有岩心分析与成像功能，可识别有效孔隙、流体类型（水、油）及状态（自由水、束缚水），测量孔隙率、孔径分布、流体黏度等参数，以计算岩心渗透率、含油/水饱和度等渗流特征参数，是一种重要的无扰动岩心渗流特性的分析手段。本小节主要介绍 MRI 的原理、结构及应用。

7.5.1　核磁共振与弛豫

原子核的角动量又称为原子核的自旋，组成原子核的质子和中子都具有自旋运动，通常核内成对的质子或成对的中子，其自旋角动量可以相互抵消，一个原子核的角动量则体现为不成对的原核子角动量的叠加（矢量和）。对于质子数和中子数都是偶数的原子核，其自旋为零；而质子数和中子数有一个是奇数的原子核，或者质子数和中子数都是奇数的原子核，都具有自旋特性，如中子、^1H、$^{13}_6C$、$^{19}_9F$、$^{31}_{15}P$ 等。由于原子核携带电荷，原子核自旋时会产生一个磁矩，这一磁矩的方向与原子核的自旋方向相同，大小与原子核的自旋角动量成正比（贾伟广，2011）。核磁共振就是利用这些磁矩不为零的原子核在外磁场的作用下发生能级分裂，并吸收某一特定频率射频场能量的过程。由于 ^1H 的磁共振信号最强，大部分商业核磁共振波谱仪和 MRI 仪均采用 ^1H 作为信号源。下文主要以 ^1H 为例，对核磁共振和弛豫过程（熊国欣 等，2007；Hashemi，2004）进行简要介绍。无外磁场时，原子核磁矩的空间取向是随机的，净磁矩为零，此时所有的原子核处于一个能级上。在外磁场 $\boldsymbol{B}_0$ 作用下，原子核磁矩的空间取向是量子化的，且只能取几个特定方向。原子核能级也分裂为与自旋取向数目相应的数量，且相邻能级的能量差相同，取决于核元素和外磁场。对同一种核素，相邻能级的能量差正比于外磁场强度。以 ^1H 为例，在磁场中，其空间取向有平行或反平行于磁场两种可能，其对应两种能级状态，如图 7.29（a）所示。由于原子核磁矩的空间取向与外磁场方向并不完全重合，自旋的原子核同时绕着外磁场方向转动，也称 Larmor 进动。进动角频率为 $\omega_0 = \gamma B_0$，其比例系数称为旋磁比，是一个只取决于原子核的物理常数。自旋原子核在外磁场作用下达到平衡时，原子核进动角频率相同，但相位仍是随机的，净磁矩平行于外磁场方向，如图 7.29（b）所示（以 ^1H 为例）。

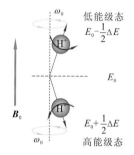
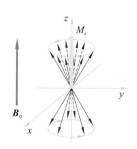

（a）自旋质子在外磁场中能级裂变　　　　　　（b）质子在外磁场中的净磁矩

图 7.29　磁场中质子的行为

如果在与外磁场（主磁场）垂直的平面内再施加一个射频脉冲（90°脉冲），将导致主磁场减弱，并建立起一个新的横向磁场，净核磁矩偏转至平行于该横向磁场的方向上。当射频脉冲的能量恰好等于某原子核两相邻能级间的能量差，或射频场的频率等于原子核进动频率，则该原子核的自旋相位被统一，这种现象称为核磁共振。对于特定的原子核，在给定的外加磁场中，产生共振的射频频率是唯一的。

在实验中使原子核发生共振有两种方法：一种是扫频法，即固定外磁场，连续改变射频脉冲频率，当射频脉冲频率等于原子核进动频率，就发生核磁共振；另一种是扫场法，保持射频脉冲频率不变，连续改变外磁场的磁感应强度（导致原子核进动频率改变），当进动频率等于射频脉冲频率时，就发生核磁共振。

当外加射频脉冲撤去时，系统逐渐恢复至平衡状态，即仅外磁场作用的状态，这称为弛豫。由于恢复平衡过程中，原子核一直做拉莫尔进动，即核磁矩偏转向主磁场方向的同时也绕着主磁场转动，且核磁矩转动速率远大于其偏转靠近主磁场的速率，因而在弛豫过程中，平行主磁场方向上的磁化强度逐渐增长至原来的大小（纵向弛豫），垂直主磁场平面上的磁化强度振荡衰减（横向弛豫）。弛豫过程中纵向弛豫和横向弛豫信号可分别被接收器线圈检测到，若从撤除脉冲信号开始到恢复平衡态的过程中持续测量，可绘制出纵向弛豫时间谱和横向弛豫时间谱。规定上，纵向弛豫时间常数（T_1）是净磁化强度在主磁场方向上的分量恢复到原磁化强度的 63% 所需的时间；横向弛豫时间常数（T_2）是净磁化强度在垂直主磁场平面上的分量衰减到共振时强度的 37% 所需的时间。图 7.30 为 ^{1}H 在外加磁场和射频脉冲作用下的共振和弛豫行为。

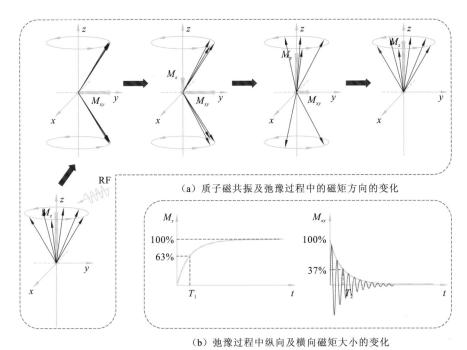

（a）质子磁共振及弛豫过程中的磁矩方向的变化

（b）弛豫过程中纵向及横向磁矩大小的变化

图 7.30　^{1}H 磁共振及弛豫行为

　　主磁场并非理想均匀的，不同位置的质子可能以不同的角频率进动（相位也随之打乱），导致实际横向弛豫时间常数（T_2^*）快于 T_2。为此，通常在 90° 脉冲之后施加一个反平行与主磁场的 180° 脉冲，使横向磁化矢量的相位被扳转，由此进动较慢的质子和进动较快的质子又可以回到同一相位上。在相位统一时产生的信号称为自旋回波信号，施加 180° 脉冲和产生自旋回波信号的时间间隔等于施加 90° 脉冲和 180° 脉冲的时间间隔。若两个相邻 90° 脉冲的时间间隔为 T_R，90° 脉冲到采集自旋回波信号的时间为 T_E，采集到的信号强度 SI 可由下式计算：

$$\text{SI} = Kr\left(1 - e^{-T_R/T_1}\right) e^{-T_E/T_2} \tag{7.8}$$

式中：K 为流动弥散等影响因子，可近似为 1；r 为质子（^{1}H）密度。

根据式（7.8）可得，对于长 T_R 和短 T_E，$(1-\mathrm{e}^{-T_R/T_1})\,\mathrm{e}^{-T_E/T_2}\approx1$，测得的信号强度反映磁化原子核的密度分布；对于长 T_R 和长 T_E，$(1-\mathrm{e}^{-T_R/T_1})\approx1$，测得的强度主要依赖于 e^{-T_E/T_2}，得到核磁图像称为 T_2 加权图像；对于短 T_R 和短 T_E，$\mathrm{e}^{-T_E/T_2}\approx1$，此时测得的强度主要依赖于 $(1-\mathrm{e}^{-T_R/T_1})$，得到的核磁图像称为 T_1 加权图像。

7.5.2　核磁共振成像仪原理与结构

MRI 仪的基本工作原理是：通过主磁体提供一个高强度的均匀磁场，利用三个梯度线圈为主磁场提供三个正交方向上可叠加的线性梯度场，利用射频脉冲发生线圈对置于该磁场中的样品施加一定频率的射频脉冲，使样品内特定位置的质子吸收射频能量发生共振，射频脉冲结束后，被激发的质子弛豫释放能量，利用射频脉冲接收线圈接收核磁共振信号，通过在不同时刻切换置不同方向的梯度场实现核磁信号的空间定位，对携带空间位置信息的信号进行傅里叶变换反演，得到核磁共振二维图像（袁勤 等，2015；熊国欣 等，2007；肖立志，1998）。

MRI 仪主要由主磁体、梯度线圈、脉冲线圈、计算机系统及其他辅助设备等五部分构成，如图 7.31 所示。

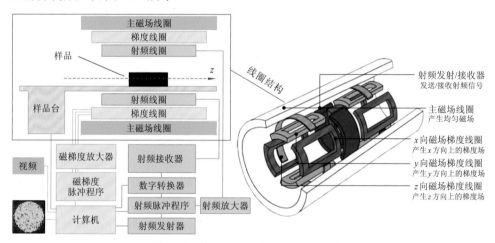

图 7.31　核磁共振成像仪结构示意图

（1）主磁体是 MRI 仪最基本的构件，是产生均匀主磁场的装置。普遍使用的主磁体包括永磁体和超导磁体两类。根据主磁场强度，一般把低于 0.5 T 的 MRI 仪称为低场机，0.5～1.0 T 的称为中场机，1.0～2.0 T 的称为高场机，大于 2.0 T 的称为超高场机。医用 MRI 仪多采用高场机（1.5 T 为代表），搭载超导磁体；而用于样品快速无损检测的 MRI 仪多采用低场机，搭载永磁体。主磁体的场强和磁场均匀度对成像质量影响非常大。高均匀度的场强有助于提高信号空间分辨率，增加图像信噪比。MRI 仪对主磁场均匀度的要求非常严格，成像范围内两点之间磁感应强度的最大偏差与标称磁感应强度之比一般为百万分之几。主磁场强度对成像质量的影响有两方面：一方面，磁场强度可提高质子的磁化率，从而提高质子密度分辨率和质子密度变化敏感度，增加图像的信噪比；另一方面，由于敏感度提高，磁场强度也可导致各种与运动和变化相关的伪影增加，影响图像质量。此外，高场机的设备造价也远远高于低场机。

（2）梯度线圈主要作用有：进行核磁共振信号的空间定位编码，产生磁共振回波（梯度回波），施加扩散加权梯度场，进行流动液体的流速相位编码等。梯度线圈由 x、y、z 轴三个特殊绕制的线圈构成（以主磁场方向为 z，与 z 轴方向垂直的平面为 xy 平面）。三个梯度磁场（G_x，G_y，G_z）与主磁场（B_0）方向一致，磁场大小沿 x、y 或 z 方向线性变化，因此可与主磁场相互叠加。若将三个方向的梯度磁场全部叠加到主磁场上，则任意坐标点（x，y，z）处的进动角频率为

$$\omega = \gamma \left(\boldsymbol{B}_0 + zG_z + yG_z + xG_z \right) \tag{7.9}$$

工作时，三个方向上的磁场梯度是在不同时刻施加的。在 90° 射频脉冲前施加 z 向梯度场造成进动角频率沿 z 线性变化，以用于选层；在 90° 和 180° 射频脉冲之间或在 180° 脉冲和回波之间施加 y 向梯度场，造成相位沿 y 方向线性变化；在接受回波的时候施加 x 向梯度磁场，使读出的频率沿 x 方向线性变化。由此，x、y 和 z 方向梯度场又分别称作读出梯度、相位编码梯度和层面选择梯度。梯度线圈的主要性能指标包括梯度场强和切换率。高梯度场及高切换率不仅可以缩短回波间隙，加快信号采集速度，还有利于提高图像的信噪比。随着高梯度场及高切换率的梯度线圈的出现，超快速序列及水分子扩散加权成像等技术得以快速发展。

（3）MRI 仪的脉冲线圈按功能分为发射线圈和接收线圈两种。发射线圈所发射的射频脉冲的能量与其强度和持续时间有关，通常由高功率射频放大器供能，以缩短脉冲持续时间，从而加快信号采集速度。接收线圈与图像信噪比密切相关，接收线圈离观测部位越近，接收的信号越强；线圈内体积越小，接收的噪声越低。接收线圈通常采用由多个子线圈单元构成的相控阵线圈，同时须有多个数据采集通道与之匹配。利用相控阵线圈可明显提高 MRI 图像的信噪比，有助于改善薄层扫描、高分辨扫描及低场机的图像质量。

（4）计算机系统的主要功能包括：控制脉冲激发程序，采集射频接收线圈上的信号数据，将携带空间编码的核磁信号转化为二维图像等。

（5）辅助设备主要包括样品台、夹持器、液氮及水冷却系统等。

7.5.3 核磁共振成像在二氧化碳地质利用与封存研究中的应用

1. 二氧化碳作用下致密砂岩中油相运移

为深入理解 CO_2 提高采油率的应用中，油相在致密砂岩中的运移机制，Wang 等（2017）模拟了储层温度和压力，采用核磁共振波谱横向弛豫时间（NMR T_2）和核磁共振成像（MRI），分析了 CO_2 注入致密砂岩样品过程中油相的回收率，实现了油相运移过程的可视化。

该岩心样品采自鄂尔多斯盆地，样品经充分洗净、烘干后，进行 NMR T_2 测试，以确保岩心内无残留（带核磁信号的）流体，随后对样品抽真空，在 80 ℃温度和 30 MPa 压力下充分油饱和，以备核磁共振分析。为探索样品暴露于 CO_2 的时间对油相运移的影响，从样品接触 CO_2 时开始核磁共振波谱 T_2 测试和 MRI，直至 T_2 谱上不再显示任何变化（约 120h），说明 CO_2 与岩样的作用达到动态平衡。此外，为分析 CO_2 循环注入对油相回收率的影响，在 12 MPa 注入压力下重复上述暴露实验 4 次；为比较注入压力的作用，开展了两种注入压力（12 MPa、22 MPa）下岩心的核磁共振分析。由于文献中影响油相回收和运移的因素较多，此处只介绍岩心在不同暴露时间下获得的核磁共振结果。

在 120h 的岩心-CO_2 作用过程中，由 MRI 获得的岩心图像如图 7.32 所示，红到蓝的像素颜色代表了局部含油量由高到低的变化。随 CO_2 注入，岩石表面的油首先迁移出岩心，且迁移速度较快，如图 7.32（a）和（b）所示；随后，内部的油逐渐向岩石表面迁移，迁移速度缓慢，如图 7.32（c）～（f）所示。

NMR T_2 线谱根据式（7.12）换算得出的孔径分布如图 7.33（a）所示（由于岩心饱和，孔隙有效被 CO_2 和油完全占据，^1H 成像模式下，CO_2 不产生信号，因而此孔径的实质是油占据的孔隙空间的直径与含油率呈正相关，仅当 $t=0$ 时的曲线才真正体现了岩心有效孔径的分布）。图 7.33（a）也显示 CO_2 注入过程中，油相由岩心迁移至表面，表面孔径（含油率）增加。根据孔径分布，计算出油相回收率随暴露时间变化的曲线，如图 7.33（b）所示，同时也揭示了微米级以下孔隙和微米级以上孔隙中油相的回收率。由图 7.33（b）可知，微米级以上的大孔内油的回收率更高。

Wang 等（2017）采用的 T_2 时间与孔径的换算方法，推导如下。岩心的 T_2 时间主要由孔隙（含 ^1H）流体的体积弛豫、表面弛豫和扩散弛豫三部分组成，其关系为

$$1/T_2 = 1/T_{2bulk} + 1/T_{2surf} + 1/T_{2diff} \tag{7.10}$$

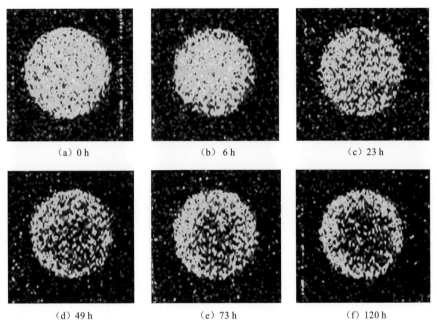

(a) 0 h　　　　　　　(b) 6 h　　　　　　　(c) 23 h

(d) 49 h　　　　　　　(e) 73 h　　　　　　　(f) 120 h

图 7.32　首次暴露实验中岩心 MRI 图像

分辨率为 150 mm/256 pix，每片图像厚度为 20 mm

式中：$T_{2\text{bulk}}$ 为孔隙液的体积（横向）弛豫时间；$T_{2\text{surf}}$ 为表面（横向）弛豫时间；$T_{2\text{diff}}$ 为扩散（横向）弛豫时间。通常，当主磁场足够均匀，梯度磁场相对主磁场足够小时，扩散弛豫项（$1/T_{2\text{diff}}$）可以忽略；而孔隙液的体积弛豫时间往往远大于表面弛豫，也可忽略不计（有些文献认为 $T_{2\text{bulk}}$ 不可忽略，将其视为常数，通过曲线拟合方式求出）。表面弛豫时间与岩心孔隙间的关系可由式（7.11）获得。

$$T_{2\text{surf}} = r / (\rho F_s) \tag{7.11}$$

式中：r 为孔喉半径；ρ 为表面弛豫率；F_s 为形状系数。对于给定岩心，一般认为其表面弛豫率和形状系数为常数。联立式（7.10）和式（7.11），忽略体积弛豫项和扩散弛豫项，可得横向弛豫时间和孔喉半径的线性转换关系，如式（7.12）所示，其中 C 为常数。

$$T_2 = Cr \tag{7.12}$$

为标定 C 值，可通过压汞毛细管压力仪获得岩心平均孔径，通过式（7.13）计算平均 T_2，代入式（7.12）：

$$T_{2\text{LM}} = \exp\left[\sum\left(\phi_i \ln T_{2i}\right) / \sum \phi_i\right] = C r_{\text{ave}} \tag{7.13}$$

式中：$T_{2\text{LM}}$ 为平均 T_2；ϕ_i 为 T_2 线谱上某点的振幅；T_{2i} 为 T_2 线谱上与振幅 ϕ_i 对应点处的 T_2 时间。

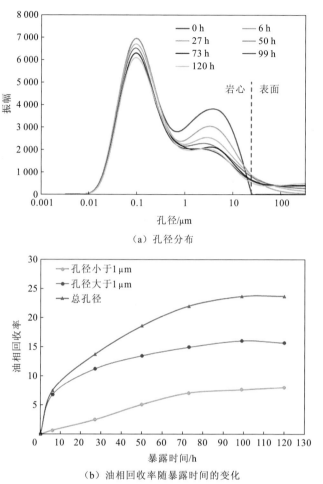

图 7.33 不同暴露时间下岩心的 NMR T_2 分析结果

2. 岩心水驱油流体分布成像实验

狄勤丰等（2016）利用低场核磁共振岩心流动成像装置开展了水驱油流体分布成像实验。实验采用取自油田的天然岩心，岩心长度为 5.752 cm，直径为 2.5 cm，孔隙率为 17.70%。

岩心在 24 ℃温度，高于驱替压力 2～5 MPa 的围压下，用柴油饱和，保持围压。对饱和柴油岩心开展 T_2 谱及 MRI。随后，用 2.5 g/L 氯化锰溶液以 0.5 mL/min 的流速驱替柴油。每驱替 0.1 PV，关闭进出口闸阀，保持压力，采集岩心 T_2 谱，完成 MRI，记录出油量、出水量。重复驱替、采集、成像步骤，直至 T_2 谱与 MRI 图像基本不再变化。由于氯化锰溶液的弛豫时间为 0.1～10 ms，而柴油的弛豫时间为 100～1 000 ms，两者 T_2 加权相存在明显差异。图 7.34（a）为对应驱替量 0、1.5 PV、2 PV 和 12 PV 时的 T_2 谱，曲线左峰代表氯化锰溶液，右峰代表柴油。随着驱替 PV 的增加，左峰升高，右峰降低，说明岩心内水的含量不断增加，柴油含量不断减小。通过计算油相和水相谱峰下的面积，可发现 2 PV 前驱油效果明显，约 3 PV 后油水含量变化不大[图 7.34（b）]。

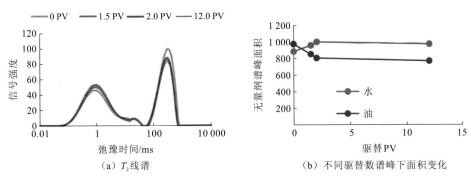

（a）T_2 线谱　　　　　　　（b）不同驱替数谱峰下面积变化

图 7.34　驱替过程中的核磁共振 T_2 测量结果

图 7.35 展示了不同驱替 PV 下岩心内流体的 MRI 图，其中（a）～（d）为平视图，（e）～（h）为俯视图，左端为溶液进口，右端为出口。图 7.35 中红色越深代表油饱和度越高，蓝色越深代表水饱和度越高。整体上，随 PV 增加，含油量减少。平视图上，4 PV 时，前 2/3 段残余油很少，流体未出现明显的重力分异。俯视图上，驱替 2 PV 时，两角部分含油明显减少；到 4 PV 时，一侧面附近已形成明显的优势通道。

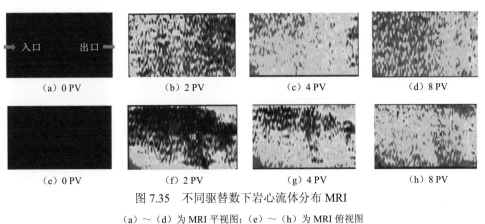

（a）0 PV　　　（b）2 PV　　　（c）4 PV　　　（d）8 PV

（e）0 PV　　　（f）2 PV　　　（g）4 PV　　　（h）8 PV

图 7.35　不同驱替数下岩心流体分布 MRI

（a）～（d）为 MRI 平视图；（e）～（h）为 MRI 俯视图

经一定的序列采样、灰度统一和数据处理后可获得岩心油水分布图。将岩心沿纵截面分 3 个切片，如图 7.36（a）所示，计算了岩心不同切片区域示意图，并与实验测试的含油饱和度曲线进行了比较，结果如图 7.36（b）所示。研究得出，基于 MRI 分析的含油饱和度与传统岩心含油饱和度测试结果变化趋势一致，吻合度较高。

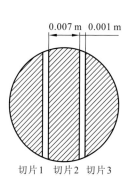

（a）切片区域示意图

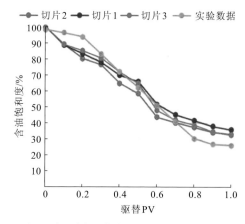

（b）不同切片区域的平均油饱和度与实测含油饱和度对比

图 7.36　基于 MRI 图像计算的含油饱和度结果

参 考 文 献

巢清尘, 张永香, 高翔, 等, 2016. 巴黎协定: 全球气候治理的新起点. 气候变化研究进展, 12(1): 61-67.

陈莉, 徐军, 陈晶, 2015. 扫描电镜显微分析技术在地球科学中的应用. 探索科学, 45(9): 1347-1358.

陈敏鹏, 林而达, 2010. 代表性浓度路径情景下的全球温室气体减排和对中国的挑战. 气候变化研究进展(6): 436-442.

蔡博峰, 2012. 国际典型二氧化碳地质封存及其环境监测. 世界环境(3): 48-51.

崔振东, 刘大安, 曾荣树, 等, 2011. CO_2地质封存工程的潜在地质环境灾害风险及防范措施. 地质论评, 57(5): 700-706.

狄勤丰, 华帅, 顾春元, 等, 2016. 岩心微流动的核磁共振可视化研究. 实验流体力学, 30(3): 98-103.

丁富荣, 班勇, 夏宗璜, 2004. 辐射物理. 北京: 北京大学出版社.

段硕, 2017. CO_2和CH_4在四川盆地页岩上的吸附热力学研究. 重庆: 重庆大学.

郭志平, 董宇峰, 张朝宗, 1996. 工业CT技术. 无损检测(1): 27-30.

国家药典委员会, 2015. 中华人民共和国药典 2015年版 四部. 北京: 中国医药科技出版社.

国土资源部油气资源战略研究中心, 等, 2016. 全国页岩气资源潜力调查评价及有利区优选. 北京: 科学出版社.

高帅, 2016. CO_2在层状非均质盖层中的迁移-泄漏规律研究. 北京: 中国科学院大学.

郝瑞娟, 2017. 土壤-植被系统对高浓度CO_2泄漏的响应机制与光谱监测技术研究. 西安: 长安大学.

葛红梅, 2016. 电感耦合等离子体质谱法测定水中钴的研究. 环境科学与管理, 41(1): 132-135.

郭会荣, 陈颖, 赵锐锐, 2014. 地质封存温压条件下CO_2溶解、扩散及水岩反应实验研究. 武汉: 中国地质大学出版社.

郭小阳, 李早元, 辜涛, 等, 2017. 复杂油气藏固井液技术研究与应用. 北京: 科学出版社.

韩伟, 肖思群, 2013. 聚焦离子束(FIB)及其应用. 中国材料进展(12): 716-727.

胡耀东, 2010. X射线衍射仪在岩石矿物学中的应用. 云南冶金, 39(3): 61-63.

华中师范大学, 陕西师范大学, 东北师范大学, 2001. 分析化学. 3版. 北京: 高等教育出版社.

环境保护部, 2014. 水质65种元素的测定: 电感耦合等离子体质谱法: HJ700-2014. 北京: 中国环境出版社.

贾伟广, 2011. 基于核磁共振技术的海水盐度测量研究探讨. 海洋技术, 30(1): 118-121.

贾志宏, 丁立鹏, 陈厚文, 2015. 高分辨扫描透射电子显微镜原理及其应用. 物理, 44(7): 446-452.

蒋卫平, 王琦, 周欣, 2013. 磁共振波谱与成像技术. 物理, 42(12): 826-837.

雷兴林, 李霞颖, 李琦, 等, 2014. 沉积岩储藏系统小断层在油气田注水诱发地震中的作用: 以四川盆地为例. 地震地质. 36(3): 625-643.

李冰, 2005. 电感耦合等离子体质谱原理和应用. 北京: 地质出版社.

李冰, 杨红霞, 2003. 电感耦合等离子体质谱(ICP-MS)技术在地学研究中的应用. 地学前缘, 10(2): 367-378.

李琦, 魏亚妮, 刘桂臻, 2013a. 中国沉积盆地深部CO_2地质封存联合咸水开采容量评估. 南水北调与水利科技, 11(4): 93-96.

李琦, 刘桂臻, 张建, 等, 2013b. 二氧化碳地质封存环境监测现状及建议. 地球科学进展, 28(6): 718-727.

李琦, 宋然然, 匡冬琴, 等, 2016. 二氧化碳地质封存与利用工程废弃井技术的现状与进展. 地球科学进展, 31(3): 225-235.

李杨, 徐国强, 黄国宏, 等, 2004. 开放式空气二氧化碳浓度增高(FACE)对稻麦轮作土壤微生物数量的影响. 应用生态学报, 15 (10): 1847-1850.

李小春, 彭斯震, 白冰, 2013. 二氧化碳捕集利用与封存词典. 广州: 世界图书出版广东有限公司.

李义曼, 庞忠和, 杨峰田, 2013. 北塘凹陷新近系馆陶组的 CO_2-EATER 实验研究. 科技导报, 31(27): 15-20.

刘航, 温宗国, 2018. 全球气候治理新趋势、新问题及国家低碳战略新部署. 环境保护(2): 50-54.

刘侃, 孙颖, 于青春, 2013. 塔里木盆地巴楚地区奥陶系礁灰岩 CO_2 地质储存的溶解溶蚀特征. 地球科学与环境学报, 35(3): 106-112.

刘丹青, 2017. 鄂尔多斯盆地二氧化碳地质封存联合页岩气开采技术研究. 武汉: 中国地质大学(武汉).

刘虎生, 邵宏翔, 2005. 电感耦合等离子体质谱技术与应用. 北京: 化学工业出版社.

刘延锋, 李小春, 方志明, 2006. 中国天然气田CO_2储存容量初步评估. 岩土力学(12): 2277-2281.

刘粤惠, 刘平安, 2003. X射线衍射分析原理与应用. 北京: 化学工业出版社.

蔺文静, 刘志明, 马峰, 等, 2012. 我国陆区干热岩资源潜力估算. 地球学报, 33(5): 807-811.

吕玉民, 汤达祯, 许浩, 等, 2011. 提高煤层气采收率的CO_2埋存技术. 环境科学与技术, 34(5): 95-99.

马勇, 钟宁宁, 黄小艳, 等, 2014. 聚集离子束扫描电镜(FIB-SEM)在页岩纳米级孔隙结构研究中的应用. 电子显微学报, 33(3): 251-256.

孟繁奇, 李春柏, 刘立, 等, 2013. 二氧化碳—咸水—方解石相互作用实验. 地质科技情报,

32(3): 171-176.

欧志英, 彭长连, 2003. 高浓度二氧化碳对植物影响的研究进展. 热带亚热带植物学报, 11 (2): 190-196.

彭开武, 2013. FIB/SEM双束系统在微纳加工与表征中的应用. 中国材料进展(12): 728-734.

祁景玉, 2003. X射线结构分析. 上海: 同济大学出版社.

任韶然, 李德祥, 张亮, 等, 2014. 地质封存过程中CO_2泄漏途径及风险分析. 石油学报, 35(3): 591-601.

申建, 秦勇, 张春杰, 等, 2016. 沁水盆地深煤层注入CO_2提高煤层气采收率可行性分析. 煤炭学报, 41(1): 156-161.

石维栋, 张森琦, 周金元, 等, 2006. 西宁盆地北西缘地下热水分布特征. 中国地质, 33(5): 1131-1136.

苏学斌, 2012. 我国CO_2+O_2地浸采铀工艺技术进展与前景. //中国核学会. 全国铀矿大基地建设学术研讨会论文集(上): 9-24.

孙金玲, 2017. 冶金硅中 B 及金属杂质元素去除的研究. 大连: 大连理工大学.

涂瑞和, 2005. 《联合国气候变化框架公约》与《京都议定书》及其谈判进程. 环境保护(3): 65-71.

魏晓琛, 李琦, 邢会林, 等, 2014. 地下流体注入诱发地震机理及其对CO_2地下封存工程的启示. 地球科学进展, 29(11): 1226-1241.

王岩, 2014. 磷铝酸盐与硅酸盐复合水泥体系研究. 成都: 西南石油大学.

王颖, 2009. 变容压力脉冲渗透系数测量方法研究. 北京: 中国科学院大学.

王香增, 2017. 低渗透砂岩油藏 CO_2 驱油技术. 北京: 石油工业出版社.

伍洋, 2012. 地质封存 CO_2 泄漏对玉米和苜蓿影响模拟实验研究. 北京: 中国农业科学院.

吴江莉, 马俊杰, 2012. 浅议CO_2地质封存的潜在风险. 环境科学导刊, 31(6): 89-93.

吴杏芳, 1998. 电子显微分析实用方法. 北京: 冶金工业出版社.

肖立志, 1998. 核磁共振成像测井与岩石核磁共振及其应用. 北京: 科学出版社.

谢强, 张朝宗, 2006. 计算机断层成像技术: 原理、设计、伪像和进展(中文翻译版). 北京: 科学出版社.

谢和平, 熊伦, 谢凌志, 等, 2014. 中国CO_2地质封存及增强地热开采一体化的初步探讨. 岩石力学与工程学报, 33(S1): 3077-3086.

熊国欣, 李立本, 2007. 核磁共振成像原理. 北京: 科学出版社.

邢玉升, 曹利战, 2013. 中国的能耗结构、能源贸易与碳减排任务. 国际贸易问题(3): 78-87.

姚丽娟, 朱满, 刘翠霞, 2020. 高校仪器Quanta 400F型扫描电镜的实验教学及开放共享. 实验技术与管理, 37(6): 266-268.

杨新萍, 2007. X射线衍射技术的发展和应用. 山西师范大学学报(自然科学版), 21(1): 72-76.

于华杰, 崔益民, 王荣明, 2008. 聚焦离子束系统原理、应用及进展. 电子显微学报, 27(3): 243-249.

于志超, 杨思玉, 刘立, 等, 2012. 饱和 CO_2 地层水驱过程中的水-岩相互作用实验. 石油学报, 33(6): 1032-1042.

袁勤, 曾怀忍, 毕文伟, 2015. 核磁共振成像原理与技术. 成都: 电子科技大学出版社.

张慧, 2003. 中国煤的扫描电子显微镜研究. 北京: 地质出版社.

张炜, 许天福, 吕鹏, 等, 2013. 二氧化碳增强型地热系统的研究进展. 地质科技情报, 32(3): 177-182.

张勇, 贾云海, 陈吉文, 等, 2014. 激光烧蚀-电感耦合等离子体质谱技术在材料表面微区分析领域的应用进展. 光谱学与光谱分析, 34(8): 2238-2243.

张景富, 徐明, 朱健军, 等, 2007. 二氧化碳对油井水泥石的腐蚀. 硅酸盐学报, 35(12): 1651-1656.

张朝宗, 2009. 工业CT技术和原理. 北京: 科学出版社.

张朝宗, 郭志平, 1994. 工业CT的系统结构与性能指标. CT 理论与应用研究, 3(3): 13-17.

张定华, 2010. 锥束CT技术及其应用. 西安: 西北工业大学出版社.

张海军, 贾全利, 董林, 2010. 粉末多晶X射线衍射技术原理及应用. 郑州: 郑州大学出版社.

张新言, 李荣玉, 2010. 扫描电镜的原理及TFT-LCD生产中的应用. 现代显示, 21(1): 10-15.

赵兴雷, 李小春, 陈茂山, 等, 2018. 陆相低渗咸水层 CO_2 封存关键技术与应用. 北京: 化学工业出版社.

郑长远, 张徽, 师延霞, 等, 2016. 青海平安地区CO_2气藏成藏模式研究. 西北地质(3): 148-154.

中华人民共和国国家标准, 2012. 无损检测工业计算机层析成像(CT)指南: GB/T 29034-2012. 北京: 中国标准出版社.

中国21世纪议程管理中心, 2014. 中国二氧化碳利用技术评估报告. 北京: 科学出版社.

中国21世纪议程管理中心, 2019. 中国碳捕集利用与封存技术发展路线图. http:// www. acca21.org.cn.

中国二氧化碳地质封存环境风险研究组, 2018. 中国二氧化碳地质封存环境风险评估. 北京: 化学工业出版社.

周慧, 2014. 激光剥蚀电感耦合等离子体质谱法应用于碳化硅陶瓷材料的分析. 上海: 华东理工大学.

周玉, 武高辉, 2007. 材料分析测试技术: 材料X射线衍射与电子显微分析. 哈尔滨: 哈尔滨工业大学出版社.

周乐光, 2007. 工艺矿物学. 北京: 冶金工业出版社.

朱和国, 王新龙, 2013. 材料科学研究与测试方法. 2版. 南京: 东南大学出版社.

ALEXANDER R, PLITZKO J M, 2015. Cryo-focused-ion-beam applications in structural biology.

Archives of biochemistry & biophysics, 581:122-130.

AL-JAROUDI S S, UL-HAMID A, MOHAMMED A R I, et al.,2007. Use of X-ray powder diffraction for quantitative analysis of carbonate rock reservoir samples. Powder technology, 175(3): 115-121.

APPS J A, ZHENG L G, SPYCHER N, et al., 2011. Transient changes in shallow groundwater chemistry during the MSU ZERT CO_2 injection experiment. Energy procedia, 4: 3231-3238.

ATRENS A D, GURGENCI H, RUDOLPH V, 2009. CO_2 Thermosiphon for competitive geothermal power generation. Energy & fuels, 23: 553-557.

BACHU S, GUNTER W D, 2004. Acid gas injection in the Alberta Basin, Canada; a CO_2 storage experience. Geological society London special publications, 233(1): 225-234.

BACHU S, HAUG K, 2005. In-situ characteristics of acid-gas injection operations in the Alberta Basin, Western Canada: demonstration of CO_2 geological storage//BENSON S M. Carbon dioxide storage in deep geologic formations–results from the CO_2 capture project. Geologic storage of carbon dioxide with monitoring and verification (2), London: Elsevier: 867-876.

BACHU S, WATSON T L, 2009. Review of failures for wells used for CO_2 and acid gas injection in Alberta, Canada. Energy procedia, 1: 3531-3537.

BACHU S, GUNTER W D, PERKINS E H, 1994. Aquifer disposal of CO_2: hydrodynamic trapping and mineral trapping. Energy conversion management, 35(4): 269-279.

BRIGGMAN K L, BOCK D D, 2012. Volume electron microscopy for neuronal circuit reconstruction. Current opinion in neurobiology, 22(1): 154-161.

BRONNIKOV A V, KILLIAN D, 1999. Cone-beam tomography system used for non-destructive evaluation of critical components in power generation. Nuclear instruments & methods in physics research, 422(1): 909-913.

BROWN D, 2000. A Hot dry rock geothermal energy concept utilizing supercritical CO_2 instead of water. Proceedings of the Twenty-Fifth Workshop on Geothermal Reservoir Engineering. Stanford, CA: Stanford University.

BRUNET J P L, LI L, KARPYN Z T, et al., 2016. Fracture opening or self-sealing: Critical residence time as a unifying parameter for cement-CO_2-brine interactions. International journal of greenhouse gas control, 47: 25-37.

BURCH S, 2009. The theory of environmental agreements and taxes: CO_2 policy performance in comparative perspective. Environmental politics, 18(1): 150-151.

BUTTERWORTH M H, SEMENOVM A, BARNES A, et al., 2010. North-South divide: contrasting impacts of climate change on crop yields in Scotland and England. Journal of the royal society interface, 7(42): 123-130.

CAO P, KARPYN Z T, LI L, 2013. Dynamic alterations in wellbore cement integrity due to geochemical reactions in CO_2-rich environments. Water resources research, 49(7): 4465-4475.

CAO P, KARPYN Z T, LI L, 2015. Self‐healing of cement fractures under dynamic flow of CO_2-rich brine. Water resources research, 51(6): 4684-4701.

CAREY W J, SVEC R, GRIGG R, et al., 2010. Experimental investigation of wellbore integrity and CO_2-brine flow along the casing-cement microannulus. International journal of greenhouse gas control, 4(2): 272-82.

CARROLL S, CAREY J W, DZOMBAK D, et al., 2016. Role of chemistry, mechanics, and transport on well integrity in CO_2 storage environments. International journal of greenhouse gas control, 49: 149-160.

CARROLL S A, KEATING E, MANSOOR K, et al., 2014. Key factors for determining groundwater impacts due to leakage from geologic carbon sequestration reservoirs. International journal of greenhouse gas control, 29: 153-168.

CHANG K W, MINKOFF S E, BRYANT S L, 2008. January Modeling leakage through faults of CO_2 stored in an aquifer//SPE Annual Technical Conference and Exhibition, Society of Petroleum Engineers. USA, Colorado.

CHENG X W, MA Y, LI Z Y, et al., 2011. Corrosion mechanism on oilwell cement in formation water with high content of $CO_2\&H_2S$. Advanced materials research, 287: 1008-1014.

CHIRINOS J R, OROPEZA D D, GONZALEZ J J, et al., 2014. Simultaneous 3-dimensional elemental imaging with LIBS and LA-ICP-MS. Journal of analytical atomic spectrometry, 29(7):1292-1298.

CELIA M, BACHU S, 2003. Geological sequestration of carbon dioxide: is leakage unavoidable and acceptable//Proceedings of the 6th International Conference on Greenhouse Gas Control Technologies, Kyoto, Japan.

COUËSLAN M L, BUTSCH R, WILL R, et al., 2014. Integrated reservoir monitoring at the Illinois Basin – Decatur Project. Energy procedia, 63: 2836-2847.

DUGUID A, RADONJIC M, BRUANT R, et al., 2005. The effect of CO_2 sequestration on oil well cements. Greenhouse gas control technologies 7(II/2): 1997-2001.

EIA (Energy Information Administration), 2011. Emissions of greenhouse gases in the U. S. (2011-03-31) [2020-04-26]. http: //www. eia. gov/environment/ emissions/ghg_report/ghg_ overview. cfm.

EPA (Environmental Protection Agency), 2016. Overview of greenhouse gases. [2020-04-26]. https: //www. epa. gov/ghgemissions/overview-greenhouse-gases.

EPA, 2018. Global greenhouse gas emissions data. [2020-04-26]. https: //www. epa. gov/ ghgemissions/ global-greenhouse-gas-emissions-data#Trends.

ERINOSHO T O, COLLINS D M, WILKINSON A J, et al., 2016. Assessment of X-ray diffraction and crystal plasticity lattice strain evolutions under biaxial loading. International journal of plasticity, 83: 1-18.

FANG Z, LI X, 2014. A preliminary evaluation of carbon dioxide storage capacity. Acta geotechnica, 9(1): 109-114.

FEITZ A, 2017. Near surface monitoring: assurance versus detection. Urumqi: CAGS CCS School.

GASDA S E, BACHU S, CELIA M A, 2004. Spatial characterization of the location of potentially leaky wells penetrating a deep saline aquifer in a mature sedimentary basin. Environmental geology, 46(6/7): 707-720.

GAN W, FROHLICH C, 2013. Gas injection may have triggered earthquakes in the Cogdell oil field, Texas. Proceedings of the national academy of sciences of the united states of America, 110(47): 18786-18791.

GEORGE C, 肖立志, MANFRED P, 2007. 核磁共振测井原理与应用. 北京: 石油工业出版社.

Global CCS Institute (GCCSI), 2017. The global status of CCS: 2017. Australia: Global CCS Institute.

GHERARDI F, AUDIGANE P, GAUCHER E C, 2012. Predicting long-term geochemical alteration of wellbore cement in a generic geological CO_2 confinement site: Tackling a difficult reactive transport modeling challenge. Journal of hydrology, 420-421: 340-359.

HALMANN M M, STEINBERG M, 1999. Greenhouse Gas Carbon Dioxide Mitigation: Science and Technology. Boca Raton, FL: Lewis Publishers.

HASHEMI R H, JR BRADLEY W G, LISANTI C J, 2004. MRI基础. 尹建忠, 译. 天津: 天津科技翻译出版公司.

IEAGHG (International Energy Agency), 2009. Safety in carbon dioxide capture, transport and storage. Cheltenham, UK.

IEAGHG, 2013. Induced seismicity and its implications for CO_2 storage risk. IEAGHG Technical Report. UK, Cheltenham.

IEAGHG, 2015. Criteria of fault geomechanical stability during a pressurrebulid-up, 2015/04.

IEAGHG, 2016. CO_2 emissions from fuel combustion: highlights. Paris: IEA.

IGLAUER S, 2011. Residual CO_2 imaged with X‐ray micro‐tomography. Geophysical research Letters, 38(21): 1440-1441.

IGLAUER S, WU Y, SHULER P, et al., 2010. Analysis of the influence of alkyl polyglycoside surfactant and cosolvent structure on interfacial tension in aqueous formulations versus n-Octane. Tenside surfactants detergents, 47(2), 87-97.

IPCC (Intergovernmental Panel on Climate Change), 2005. Carbon dioxide capture and storage.

Cambridge: Cambridge University.

IPCC, 2014. Climate change 2014: synthesis report. Geneva, Switzerland: IPCC.

ISO/TR 27918, 2018. Lifecycle risk management for integrated CCS projects.

JACQUEMET N, PIRONON J, SAINT-MARC J, 2007. Mineralogical changes of a well cement in various H_2S-CO_2 (-brine) fluids at high pressure and temperature. Environmental science & technology, 42(1): 282-288.

KAVEN J O, HICKMEN S H, MCGARR A H, et al., 2015. Surface monitoring of microseismicity at the decatur, illinois, CO_2 sequestration demonstration site. Seismological research letters, 86(4): 1096-1101.

KAVEN J O, HICKMAN S H, MCGARR A F, et al., 2014. Seismic monitoring at the Decatur, IL, CO_2 sequestration demonstration site. Energy procedia, 63: 4264-4272.

KEELING R F, PIPER S C, BOLLENBACHER A F, et al., 2009. Atmospheric CO_2 values (ppmv) derived from in situ air samples collected at Mauna Loa, Hawaii, USA. Scripps Institution of Oceanography (SiO), California: University of California.

KLUSMAN R W, 2003. Evaluation of leakage potential from a carbon dioxide EOR/sequestration project. Energy conversion and management, 44(12): 1921-1940.

KUTCHKO B G, STRAZISAR B R, DZOMBAK D A, et al., 2007. Degradation of well cement by CO_2 under geologic sequestration conditions. Environmental science & technology, 41(13): 4787-4792.

KUTCHKO B G, STRAZISAR B R, HAWTHORNE S B, et al., 2011. H_2S-CO_2 reaction with hydrated Class H well cement: Acid-gas injection and CO_2 Co-sequestration. International journal of greenhouse gas control, 5(4): 880-888.

KUTCHKO B G, LOPANO C L, STRAZISAR B R, et al., 2015. Impact of oil well cement exposed to H_2S saturated fluid and gas at high temperatures and pressures: implications for acid gas injection and co-sequestration. Journal of sustainable energy engineering, 3(1): 80-101.

LAGNEAU V, PIPART A, CATALETTE H et al., 2005. Reactive transport modelling of CO_2 sequestration in deep saline aquifers. Oil and gas science and technology, 60(2): 231-247.

LEBEDEV M, ZHANG Y, SARMADIVALEH M, et al., 2017 Carbon geosequestration in limestone: pore-scale dissolution and geomechanical weakening. International journal of greenhouse gas control, 66: 106-119.

LEI X L, MA S L, 2014. Laboratory acoustic emission study for earthquake generation process. Earthquake science, 27(6): 627-646.

LEWICKI J L, BIRKHOLZER J, TSANG C F, 2007. Natural and industrial analogues for leakage of CO_2 from storage reservoirs: identification of features, events, and processes and lessons learned.

Environmental geology, 52: 457-467.

LI Z, LIU D, CAI Y, et al., 2017. Multi-scale quantitative characterization of 3-D pore-fracture networks in bituminous and anthracite coals using FIB-SEM tomography and X-ray μ-CT. Fuel, 209: 43-53.

LIAO Y. 2013. Practical Electron Microscopy and Database. http://www. globalsino. com/EM.

MATHIESON A, MIDGELY J, WRIGHT I, et al., 2011. In Salah CO_2 Storage JIP: CO_2 sequestration monitoring and verification technologies applied at Krechba, Algeria. Energy procedia, 4: 3596-3603.

LITTLE M G, JACKSON R B, 2010. Potential impacts of leakage from deep CO_2 geosequestration on overlying freshwater aquifers. Environmental science & technology, 44(23): 9225-9232.

LUQUOT L, GOUZE P, 2009. Experimental determination of porosity and permeability changes induced by injection of CO_2 into carbonate rocks. Chemical geology, 265(1/2): 148-159.

MAZZOLDI A, RINALDI A P, BORGIA A, et al., 2012. Induced seismicity within geological carbon sequestration projects: maximum earthquake magnitude and leakage potential from undetected faults. International journal of greenhouse gas control, 10: 434-442.

MIDDLETONA R, VISWANATHANA H, CURRIERA R, et al., 2014. CO_2 as a fracturing fluid: Potential for commercial-scale shale gas production and CO_2 sequestration. Energy procedia, 63: 7780-7784.

METZ B, DAVIDSON O, CONINCK H D, et al., 2005. IPCC special report on carbon dioxide capture and storage. Prepared by working Group III of intergovernmental panel on climate change. New York: IPCC: 442.

MOORE J, ADAMS M, ALLIS R, et al., 2005. Mineralogical and geochemical consequences of the long-term presence of CO_2 in natural reservoirs: an example from the Springerville–St. Johns Field, Arizona, and New Mexico, U S A. Chemical geology, 217(3/4): 365-385.

NAKANO K, OHBUCHI A, MITO S, et al., 2014. Chemical interaction of well composite samples with supercritical CO_2 along the cement-sandstone interface. Energy procedia, 63: 5754-5761.

NASA, 2020. What's the difference between climate change and global warming? https://climate. nasa. gov/faq/12/whats-the-difference-between-climate-change-and-global-warming/.

NELSON E B, 1990. Well cementing. Sugar Land, TX: Schlumberger Educational Services.

NEVILLE A M, 1996. Properties of concrete. 4th ed. New York: John Wiley and Sons.

NORDBOTTEN J M, KAVETSKI D, CELIA M A, et al., 2008. Model for CO_2 leakage including multiple geological layers and multiple leaky wells. Environmental science & technology, 43(3): 743-749.

NOAA, 2017. The NOAA Annual Greenhouse Gas Index(AGGI). https: //www. esrl. noaa. gov/gmd/

aggi/aggi. html.

NOAA, 2018. Climate at a Glance: Global Time Series, published May 2018, retrieved on May 28, 2018 from. http://www. ncdc. noaa. gov/cag/.

OCHOA N, VEGA C, PÉBÈRE N, et al., 2015. CO_2 corrosion resistance of carbon steel in relation with microstructure changes. Materials chemistry and physics, 156: 198-205.

OLDENBURG C M, LEWICKI J L, HEPPLE R P, 2003. Near-Surface Monitoring Strategies for Geologic Carbon Dioxide Storage Verification. Lawrence Berkeley National Laboratory Report. https://escholarship. org/uc/item/1cg241jb.

PAN P, WU Z H, FENG X T, et al., 2016. Geomechanical modeling of CO_2 geological storage: a review. Journal of rock mechanics and geotechnical engineering, 8(6): 936-947.

PATIL R H, COLLSJ J, STEVEN M D, 2010. Effects of CO_2 gas as leaks from geological storage sites on agro-ecosystems. Energy, 35(12): 4587-4591.

PRUESS K, 2006. Enhanced geothermal systems (EGS) using CO_2 as working fluid-a novel approach for generating renewable energy with simultaneous sequestration of carbon. Geothermics, 35: 351-367.

REEVES S, TAILLEFERT A, PEKOT L, et al., 2003. The Allison Unit CO_2-ECBM Pilot: a Reservoir Modeling Study. Topical report, Advanced Resources International, Houston, TX, USA. https://www. adv-res. com/pdf/Topical%20Report%20-%20Allison%20Unit. pdf.

RENARD S, STERPENICH J, PIRONON J, et al., 2014. Geochemical effects of an oxycombustion stream containing SO_2 and O_2 on carbonate rocks in the context of CO_2 storage. Chemical geology, 382: 140-152.

RINGROSE P S, MATHIESON A S, WRIGHT I W, et al., 2013. The In Salah CO_2 storage project: lessons learned and knowledge transfer. Energy procedia, 37: 6226-6236.

RICKARD D, LUTHER G W, 1997. Kinetics of pyrite formation by the H_2S oxidation of iron(II) monosulfide in aqueous solutions between 25 and 125°C: the mechanism. Geochimica et cosmochimica acta, 61: 135-147.

RUTQVIST J, 2012. The geomechanics of CO_2 storage in deep sedimentary formations. Geotechnical and geological engineering, 30: 525-551.

RUTQVIST J, CAPPA F, RINALDI A P, et al., 2014. Modeling of induced seismicity and ground vibrations associated with geologic CO_2 storage, and assessing their effects on surface structures and human perception. International journal of greenhouse gas control, 24: 64-77.

RUTQVIST J, RINALDI A P, CAPPA F, et al., 2016. Fault activation and induced seismicity in geological carbon storage-Lessons learned from recent modeling studies. Journal of rock mechanics and geotechnical engineering, 8(6): 789-804.

SCHAEF H T, HORNER J A, OWEN A T, et al., 2014. Mineralization of basalts in the CO_2–H_2O–SO_2–O_2 system. Environmental science & technology, 48(9): 5298-5305.

SCHNAAR G, DIGIULIO D C, 2009. Computational modeling of the geologic sequestration of carbon dioxide. Vadose zone journal, 8: 389-403.

SHI J Q, SMITH J, DURUCAN S, et al., 2013. A coupled reservoir simulation-geomechanical modelling study of the CO_2 injection-induced ground surface uplift observed at Krechba, In Salah. Energy procedia, 37: 3719-3726.

SMINCHAK J, GUPTA N, 2003. Aspects of induced seismic activity and deep-well sequestration of carbon dioxide. Environmental geosciences, 10(10): 81-89.

SMITH S W, 1997. The scientist and engineer's guide to digital signal processing. Los Angeles: California Technical Publication.

SOONGY, HOWARD B H, HEDGES S W, et al., 2014. CO_2 sequestration in saline formation. Aerosol and air quality research, 14(2): 522-532.

SOONG Y, HOWARD B H, DILMORE R M, et al., 2016. CO_2/brine/rock interactions in Lower Tuscaloosa formation. Greenhouse gases: science and technology, 6(6): 824-837.

STORK A L, VERDON J P, KENDALL J M, 2015. The microseismic response at the In Salah carbon capture and storage (CCS) site. International journal of greenhouse gas control, 32: 159-171.

TAYLOR H F W, 1997. Cement chemistry. 2nd ed. New York: Thomas Telford Publishing.

THOMAS C D, CAMERON A, GREEN R E, et al., 2004. Extinction risk from climate change. Nature, 427: 145-148.

TOPS-STARS, 2018. SEM schematic-diagram. https://tops-stars. com/schematic/scanning- electron-microscope-schematic-diagram/.

TOTAL, 2015. Carbon capture and storage-the Lacq pilot: results and outlook. https://www. total. com/sites/g/files/nytnzq111/files/atoms/file/Captage-Carbon-capture-and-storage-the-Lacq-pilot. pdf.

US GEOLOGICAL SURVEY, 2001. A Laboratory Manual for X-Ray Powder Diffraction. https://pubs. usgs. gov/of/2001/of01-041/htmldocs/xrpd. htm.

USDOE, 2011. U S Best practices for: risk analysis and simulation for geologic storage of CO_2. USDOE report: National Energy Technology Laboratory (NETL).

USGS, 2007. Invisible CO_2 Gas Killing trees at mammoth mountain, california. U S Geological Survey Fact Sheet 172-96, Online Version 2.0. https: //pubs. usgs. gov/fs/fs172-96/.

UT AUSTIN, 2018. Quadrupole ICP-MS Lab. http://www. jsg. utexas. edu/icp-ms/icp-ms.

VASCO D W, FERRETTI A, NOVALI F et al., 2010. Satellite-based measurements of surface deformation reveal fluid flow associated with the geological storage of carbon dioxide.

Geophysical research letters, 37(3). DOI: 10.1029/2009GL041544.

VERBA C, O'CONNOR W, RUSH G, et al., 2014. Geochemical alteration of simulated wellbores of CO_2 injection sites within the Illinois and Pasco Basins. International journal of greenhouse gas control, 23: 119-134.

VERDON J P, KENDALL J M, WHITE D J, et al., 2011. Linking microseismic event observations with geomechanical models to minimise the risks of storing CO_2 in geological formations. Earth and planetary science letters, 305(1-2): 143-152.

VERDON J P, STORK A L, BISSELL R C, et al., 2015. Simulation of seismic events induced by CO_2 injection at In Salah, Algeria. Earth and planetary science letters, 426: 118-129.

VINEGONI C, FEXON L, FERUGLIO F P, et al., 2009. High throughput transmission optical projection tomography using low cost graphics processing unit. Optics express, 17(25): 22320-22332.

VISWANATHAN H S, PAWAR R J, STAUFFER P H, et al., 2008. Development of a hybrid process and system model for the assessment of wellbore leakage at a geologic CO_2 sequestration site. Environmental science & technology, 42: 7280-7286.

VYACHESLAV R, 2018. Greenhouse gases and clay minerals: enlightening down-to-earth road map to basic science of clay-greenhouse gas interfaces. Verlag: Springer International Publishing.

WASHBURN E W, 1921. Note on a method of determining the distribution of pore sizes in a porous material. Proceedings of the National Academy of Sciences, 7(4): 115-116.

WANG H, LUN Z, LV C, et al., 2017. Measurement and visualization of tight rock exposed to CO_2 using NMR relaxometry and MRI. Scientific reports, 7:44354.

WILKIN R T, DIGIULIO D C, 2010. Geochemical impacts to groundwater from geologic carbon sequestration: controls on pH and inorganic carbon concentrations from reaction path and kinetic modeling. Environmental science & technology, 44: 4821-4827.

WILL R, SMITH V, LEETARU H E, et al., 2014. Microseismic monitoring, event occurrence, and the relationship to subsurface geology. 12th International Conference on Greenhouse Gas Control Technologies (GHGT),USA, Austin.

WHITE J A, FOXALL W, 2016. Assessing induced seismicity risk at CO_2 storage projects: Recent progress and remaining challenges. International journal of greenhouse gas control, 49: 413-424.

XIE H, LI X, FANG Z, et al., 2013. Carbon geological utilization and storage in China: current status and perspectives. Acta geotechnica, 9(1): 7-27.

XU T, APPS J A, PRUESS K, 2004. Numerical simulation of CO_2 disposal by mineral trapping in deep aquifers. Applied geochemistry, 19(6): 917-936.

ZERAI B, SAYLOR B Z, MATISOFF G, 2006. Computer simulation of CO_2 trapped through mineral precipitation in the Rose Run Sandstone, Ohio. Applied geochemistry, 21(2): 223-240.

ZHANG M, BACHU S, 2011. Review of integrity of existing wells in relation to CO_2 geological storage: What do we know? International journal of greenhouse gas control, 5(4): 826-840.

ZHANG L, DZOMBAK D A, NAKLES D V, et al., 2013a. Characterization of pozzolan-amended wellbore cement exposed to CO_2 and H_2S gas mixtures under geologic carbon storage conditions. International journal of greenhouse gas control, 19: 358-368.

ZHANG L, DZOMBAK D A, NAKLES D V, et al., 2013b. Reactive transport modeling of interactions between acid gas ($CO_2 + H_2S$) and pozzolan-amended wellbore cement under geologic carbon sequestration conditions. Energy & fuel, 27(11): 6921-6937.

ZHANG L, LUO F, XU R, et al., 2014. Heat transfer and fluid transport of supercritical CO_2 in enhanced geothermal system with local thermal non-equilibrium model. Energy procedia, 63: 7644-7650.

ZHANG L, SOONG Y, DILMORE R, et al., 2015. Numerical simulation of porosity and permeability evolution of Mount Simon sandstone under geological carbon sequestration conditions. Chemical geology, 403: 1-12.

ZHANG X, LU Y, TANG J, et al., 2017. Experimental study on fracture initiation and propagation in shale using supercritical carbon dioxide fracturing. Fuel, 190: 370-378.

ZOBACK M D, GORELICK S M, 2012. Earthquake triggering and large-scale geologic storage of carbon dioxide. Proceedings of the National Academy of Sciences of the United States of America, 109(26): 10164-10168.